乡村振兴丛书

基于能值的农业生态系统研究

JIYU NENGZHI DE
NONGYE SHENGTAI XITONG YANJIU

杨志远 李娜 孙永健 孙园园 马鹏◆著

图书在版编目（CIP）数据

基于能值的农业生态系统研究 / 杨志远等著. — 成都 : 四川大学出版社, 2022.10
（乡村振兴丛书）
ISBN 978-7-5690-5742-3

Ⅰ. ①基… Ⅱ. ①杨… Ⅲ. ①农业生态系统－研究 Ⅳ. ①S181.6

中国版本图书馆 CIP 数据核字（2022）第 193134 号

书　　名：基于能值的农业生态系统研究
　　　　　Jiyu Nengzhi de Nongye Shengtai Xitong Yanjiu
著　　者：杨志远　李　娜　孙永健　孙园园　马　鹏
丛 书 名：乡村振兴丛书

丛书策划：庞国伟　蒋姗姗
选题策划：梁　平
责任编辑：梁　平
责任校对：杨　果
装帧设计：璞信文化
责任印制：王　炜

出版发行：四川大学出版社有限责任公司
　　　　　地址：成都市一环路南一段 24 号（610065）
　　　　　电话：（028）85408311（发行部）、85400276（总编室）
　　　　　电子邮箱：scupress@vip.163.com
　　　　　网址：https://press.scu.edu.cn
印前制作：四川胜翔数码印务设计有限公司
印刷装订：四川盛图彩色印刷有限公司

成品尺寸：170mm×240mm
印　　张：12.5
字　　数：252 千字

版　　次：2022 年 11 月 第 1 版
印　　次：2022 年 11 月 第 1 次印刷
定　　价：69.00 元

本社图书如有印装质量问题，请联系发行部调换

四川大学出版社
微信公众号

前　言

农业是人类生存的基本保障，是经济发展的基础，农业的可持续发展是实现社会可持续发展的重要先决条件。现代农业生产中，随着科技的进步，人们为了追求高的粮食产量和好的经济效益，越发加大对化肥、农药等的投入，耗费了大量资源，破坏了农业生态系统功能。由于忽略了对资源环境的保护，使得农业发展面临生态环境问题的威胁和危害，如资源短缺、耕地退化、土壤污染等，严重影响农业系统的生产功能和可持续发展。目前可持续农业的思想在我国已被普遍接受，但如何实现农业的可持续发展这一问题则尚未彻底解决。对农业生产结构的正确认识与判断是实现资源合理配置走可持续发展道路的前提。因此，从不同时空角度对农业生态经济系统这一特殊的“经济—自然—社会”循环模式进行分析与评价显得尤为重要。

农业系统与自然环境和社会经济间存在着众多错综复杂的物质流、能量流、信息流及价值流的交换。农业的发展离不开当地自然资源的支持，自然环境为农业发展提供了阳光、雨水、土壤等基础资源；而肥料、农药、电力、机械耗油、劳力、种子等社会资源也直接或间接地为农业发展做出了贡献。客观评价农业系统是否可持续，需要多方面考虑，更需要了解资源环境与农业的耦合机制。

由此，本书将对农业生态系统的分析分为六章进行讨论。首先，从能值与农业生态系统的基本概念，以及涉及的理论依据进行阐述；其次，对农业生态系统能值投入产出模型的构建、循环农业能值及农业发展模式，以及农业生态系统服务权衡与协同关系进行研究分析；再次，对农业生态系统补偿进行探讨与分析；最后，对农业生态系统服务和农业生态补偿的现状进行总结，进而有针对性地提出农业生态系统可持续发展的构建对策。

其中，在分析农业生态系统投入产出能值动态、循环农业模式、农业生态系统服务权衡与协同关系，以及农业生态系统补偿时，分别以我国南北不同区域进行研究分析，并利用能值理论对不同地区相应农业的投入产出状况进行定量分析，并通过能值指标判断产业与资源环境的耦合度，通过相应投入结构及指标评价当地资源环境是否支持产业发展，当地产业是否是可持续的，发现其产业发展存在的问题及原因，对当地产业进行综合效益评价，并采用能值理论分析对不同地区农业系统进行研究，以衡量和分析自然资源环境和经济活动对其的影响，可以更加全面地分析产业系统的发展，并提出相应建议。

著　者

目　录

第一章　能值与农业生态系统基本概念

农业生态系统作为相对复杂的社会—经济—生态这一复合系统，不但拥有自然生态系统中能量流的许多特征和特质，而且关联着社会系统的多种类型能量。其系统内部的亚系统之间，以及系统与外部环境、自然资源之间都存在错综复杂的能量流、物质流、货币流和信息流。研究这一复合系统的根本任务就是分析系统的社会、经济、生态三大效益，筛选更优的系统组织模式。因此，人们应用能量为共同尺度，对农业生态系统状态进行评价分析。然而，这种能量分析方法存在一定的缺陷，不同性质和类别的能量有着质量和性质的差异，如果都以相同的能量单位进行加减和比较过于粗略和片面，不符合实际情况；而考虑自然环境资源与经济的本质关系，用一般能量单位根本无法衡量和评价。

在农业生态系统的有关评价研究中，能值分析是一种较好的基于系统生态学视角和生态流的定量评价方法。这一理论和方法以能值为基准，通过创建能值评价指标体系对系统中不同种类、不可比较的能量的生态流（能量流、信息流、物质流、货币流、人口流）进行整合、分析、评价，弥补了传统方法中的诸多不足。下面就能值与农业生态系统的相关概念进行简要阐述。

第一节　能值的相关论述

一、能量与能值

能量（energy）就是物体做功的能力，所有事物的运动与变化、发展都需要能量。能量在国际单位制中用焦耳（J）表示，有时也用卡路里（cal）作为能量单位，1 cal≈4.184 J。人们生活过程中消耗的自然资源以及人类活动都含有能量。能量既不能创造也不能消灭，只能从一种形式转化为另外一种形式，这就是能量守恒定律。同时，任何能量在做功过程中都存在流失和耗散，也就是说有一部分能量在流动过程中转化为热能而失去做功的能力，这就是能量转化定律。任何生态系统都必须要有不断的能量流动、转换和物质循环才能长期存在，这些能量和物质既有来自系统内部，也有系统外部的投入。能量从一种形式转化为另一种形式过程中总量是不变的，生态系统的能量流动是不可逆的。

能值（emergy）是美国著名的生态学家 H. T. Odum 在 20 世纪 80 年代，基于系统生态学和生态经济学理论，提出的生态经济系统分析方法，并将能值理解为：产品或劳务在形成的过程中直接或间接投入应用的一种有效能量是其所具有的能值。可以理解为，能值是在社会所有的劳动中直接或者间接消耗的能量的总和。这一概念是定量分析系统结构、功能与耦合相互间不同关系，科学评价系统生态经济效益与可持续性的研究方法之一。能值与能量相比具有一定的差异性，它主要是用过去所消耗的能量而非用现有的能量对某一事物所占有的价值进行评价。因此，H. T. Odum 又称能值为“体现能”（embodied energy）。①

太阳能作为最原始的能量，地球上所有的能量都是太阳能经过不同方式传递与转化而来。因此，在实际应用中都是以太阳能值（Solar Emergy）作为统一的能值度量标准，其基本单位为太阳能焦耳（Solar Emergy Joules，即sej），将系统内部流动或存储的所有形式的能量，包括自然与非自然资源、商品、服务等直接或间接的能源形式，通过能值转换率（Transformity）的运用，转化为统一的太阳能值形式进行计算和分析，以解决以往复杂生态系统内部因性质、功能和作用的不同，而无法直接相加计算的物质间能量流动的定量分析与比较，进而综合评价该系统在生态经济方面的多重效益。这样，所有的能量都能转化为同一个单位的数据进行运算，可以方便、准确地衡量和比较生态经济系统中不同类别能量的实际价值和贡献。

能值与能量是两个完全不同的概念和标准。能值是能量需求的指标，是“能量”的价值。自然和人类创造的任何产品都含有能量，均具有能值，都有价值。能值是衡量财富的标准，物质投入的能量越多，其能值越大，价值越高。因此，能值是产品价值实质性的反映。

---

① Odum H T. Environmental Accounting: Emergy and Environmental Decision Making [M]. New York: John Wiley&Sons, 1996: 57—58, 85—96.

二、能值转换率与能量流

（一）能值转换率

能值转换率（Emergy Transformity）表示单位能量（J）或物质（g）中所具有的能值多少。通常，为计算求得某一能量的能值大小，需要求得该单位能量或单位重量、单位体积等所具有的能值大小，即能值转换率，进而算出该能量总能值。能值转换率是度量能量能质和能级的尺度大小。某一单位能量或物质的能值转换率值越高，表明该单位能量的能质（Energy Quality）越高，其在能量系统中的等级也越高。实践应用中，一般需要求得某种能量的太阳能值转换率（Solar Emergy Transformity），单位通常是太阳能焦耳/焦耳（sej/J）。在进行能值计算时，常需要对某一物质，进行能量折算系数相关计算后，再开展能值转换率计算，才能得到具体的能值。能值转换率的依据，是基于热力学原理和生态系统学的食物链理论得出。例如，每单位的风能相当于 623 sej，每单位的雨水势能相当于 8888 sej，每单位的灌溉水能量约为 15400 sej，每单位的土壤有机质约相当于 62500 sej 等。

对于能值转换率的统一基准问题，国内外意见不一。王小龙等指出，由于全球能值基准的变化，进而导致不同研究中能值转换率选择的混乱问题，尤其是同一文章中不同能值基准的使用，以及不同文章不同能值基准的使用而不便于相互对比。① 汪晶晶认为有必要运用统一的能值标准开展能值评价。② 但李金平等人指出，在同一研究中使用不同基准的情形下，不同基准的采用对实际评价结果的影响不大。③

因此，在综合各能量常用的能值转换率标准下，考虑到以往的大多数研究都是基于 Odum 团队所提供的能值转换率参数，在尽可能保持基准一致的情形下，采用 Odum 的全球能量流功率基准，即 9.44×10^{24} sej・a^{-1}。

（二）能量流

在社会与自然当中，只要能量流动处于生态经济系统环境，那么必然是经

---

① 王小龙，刘星星，隋鹏，等．能值方法在农业系统应用中的常见问题及其纠正思路探讨［J］．中国生态农业学报，2020，28（4）：503－512.

② 汪晶晶．黄山风景区旅游系统能值研究［D］．芜湖：安徽师范大学，2012.

③ 李金平，陈飞鹏，王志石．城市环境经济能值综合和可持续性分析［J］．生态学报，2006（2）：439－448.

济能量流与生态能量流的一种相互流动、互相传递与有机融合的过程。通常情况下，当能量流动处于生态经济系统时，都将涵盖经济能量流与生态能量流。其中，在生态能量流中以矿物、生物和太阳等能量流为主要类别，又称作自然能量流。太阳能是生态系统活力能力维持的主要来源，一般都会遵循能量守恒定律，其能量都是由集中转向分散、高位流向低位的态势。当生态能量流在经由人类开发，并被投入经济系统中供人类实现社会的发展时，这一生态能量流就将成为社会经济系统发展的重要原动力，而此时则称为经济能量流。生态能量流一般都是通过两种方式转化为经济能量流：一是人类对自然资源的直接运用；二是运用畜牧业生产或化石资源等，以开采的方式进行经济潜能的间接转化。如果将两者转化予以中断，必然无法赋予经济系统活力与生命。

（三）自由能和熵

能量的转换与传递过程中，既会丧失部分自由能，还会在环境中逸散部分废弃物。自由能指可做工的能量，熵是与自由能对立的概念，是一种不可做工的能量。故而，在某一封闭系统中，常会出现熵的增加和自由能的降低；反之，在某一开放系统中，常会出现自由能的增加和熵的降低，如果想要在系统中排除熵，只需对能量与物质进行不断输入，平衡状态的问题唯有开放系统才能实现。平衡态开发系统中并未涵盖生态经济系统，如果想要在系统内部维持有序的低熵状态，且对无序予以排除，就要在物质与能量不断输入的情形下，实现新结构的建立。

三、主要能值指标

（一）能值投入率

能值投入率可以表明生态系统对环境资源的利用程度，用来衡量研究区域经济发展水平的高低。其计算公式如下，其比值越大，系统经济发展水平越高；反之，经济发展水平较低且对环境资源的依赖程度较高。

$$\text{能值投入率}=\frac{\text{生态系统的辅助能能值投入}}{\text{环境资源能值投入}}$$

（二）环境贡献率

环境贡献率可以反映自然环境能值对经济发展的贡献率和系统对自然环境

的依赖程度。其计算公式如下，其值越高，系统环境资源的支持能力越强，经济发展程度越低；反之，系统环境资源的支持能力越弱，经济发展程度越高。

$$环境贡献率=\frac{环境资源能值}{总能值}$$

（三）能值投入密度

能值投入密度是评价生态系统的经济发展水平和等级的指标。其计算公式如下，比值越大，经济发展水平和等级越高；比值越小，经济发展水平和等级越低。

$$能值投入密度=\frac{系统能值总投入}{系统土地面积}$$

（四）能值产出密度

能值产出密度是评价生态系统生产力水平高低的主要指标。其计算公式如下，比值越大，则系统生产力水平越高；比值越小，则系统生产力水平越低。

$$能值产出密度=\frac{系统能值总产出}{系统土地面积}$$

（五）净能值产出率（EYR）

净能值产出率反映了系统的持续性发展状况和工业化程度，用来衡量系统能值产出对系统经济贡献的大小，其计算公式如下。在经济投入一定的情况下，其值越高，说明系统产出的能值越高，即系统的资源利用效率越高。

$$净能值产出率（EYR）=\frac{系统的能值总产出}{系统辅助能能值}$$

（六）环境负载率（ELR）

环境负载率用来衡量系统承受的环境压力的大小，是系统不可更新能源投入能值总量与可更新能源投入能值总量之比，即：

$$环境负载率=\frac{不可更新的工业辅助能+不可更新的环境资源能}{可更新环境资源能+可更新有机能}$$

若 ELR≥10，表明环境压力过大；若 10>ELR≥3，表明环境压力处于中等水平；若 ELR<3，表明环境压力较小。假如环境负载率持续较长时间的过高水平，生态系统的功能将处于不可逆转的退化或丧失状态。

（七）能值可持续发展指数（ESI）

能值可持续指标为系统能值产出率与环境负载率之比，即 EYR/ELR。该指标根据生态经济复合系统的特点，既考虑了从客观出发分析系统的环境压力，又考虑到了系统生产在人类社会经济中的实际作用。由此得出，能值可持续发展指数，其计算公式如下。经实证研究，确定 ESI 的量化标准为：当 ESI <1 时，表明系统投入以人工辅助能为主，是消费型生态经济系统；当 $1\leqslant$ ESI <10 时，表明生态经济系统发展潜力大；当 ESI $\geqslant 10$ 时，表明生态经济系统发展强度较低，现代化程度不高，系统投入以环境资源为主。

$$\text{能值可持续指标}=\frac{\text{系统能值产出率（EYR）}}{\text{环境负载率（ELR）}}$$

能值密度是与时间尺度相关联的系统能值流强度指标，如单位面积能值密度，即某段时间内系统能值投入量与系统总面积比值；单位体积能值密度，即某段时间内系统能值投入量与系统总体积比值。该指标能反映能值的集约度和强度。

人均能值量为系统能值投入总量与系统内人口总数的比值，用于反映系统内人们的生活水平和质量。

通过对能值指标体系的评价，能够实现对生态经济系统发展水平和发展态势的定量研究，为生态经济系统的可持续发展决策服务。

四、能值投入结构

能值投入结构是指某系统中投入的不同种类的能值之间的联系及其数量比例关系，在农业生态系统中，主要指不可更新的环境资源能值、可更新的环境资源能值、工业辅助能和有机能之间的联系和数量比例关系。例如，在对农业生态系统的能值投入结构进行研究时，可大致分为四个部分：其一，不可更新环境资源能值，主要是指土壤表土层的损耗，在农耕过程中，不可避免地会对表土层造成损耗，这也是投能结构的一部分，并且是不可能再生的。其二，可更新环境资源能值，指可再生的，自然环境在生态系统中的投能，包括太阳能、风能、雨水势能、雨水化学能。这些是可以更新再生的，过去人们忽略了它们的贡献，没有将它们归纳到能值评价系统中。其三，工业辅助能值，包括农药、农膜、化肥、电力、煤炭、农耕机械等生产资料的投入，这部分资源是不可更新的。其四，有机能值，包括有畜力、劳力、机肥料、种子、饲料、家

畜、家禽等有机物质的投入。

五、能值分析步骤

从分析对象来说，有国家生态系统能值分析方法、亚系统能值分析方法等。从分析方法和程序来说，包括相应能值综合图以及各类能量系统模型图的绘制、各类能值分析表的制定、不同能量计算与能值计算分析评价、能值转换率和不同能值指标的计算分析等。具体步骤如下：

第一，首先确定研究区的边界范围，全面客观地收集分析研究区农业生态系统的能量流、物质流、信息流及货币流等资料（通过查阅有关文献、统计系统和实际调查获取相关资料）。

第二，利用能量分析方法作出能量系统图，明确系统内外及系统内部各组分之间的能量关系，在此基础上绘制能值图。能值图应包括系统外部的环境资源投入要素、人类经济反馈要素和系统产出要素，以及系统内部的生产者、消费者等主要成分。

其中，能值图和能量系统语言：生态系统甚至地球系统内部各组分及相互作用中，均涉及不同能量的流动和储存。根据不同类别的资料项目，凭借能量系统语言和符号描述系统能值图，以表现系统能量流动基本状况，揭示系统内部环境、经济各主要成分不同能量间的相互关系、过程和作用。在能值图的基础上，开展系统能值计算与分析。系统中的能值流根据成分对象的类型和组成结构的不同，主要分为输入能源、输出能源，系统内部的生产者、消费者、储蓄库，以及作用键、热耗散等特征。具体的系统资源按照不同分类标准，可分为：①本地资源与外部资源。此类系统投入资源的来源，属于研究范围系统边界之内，则归类为本地资源；反之，则为外部资源。②可更新资源与不可更新资源：前者是指能够通过生物再生过程或自然再现过程，再生速率大于其利用和消耗速率的可再生的自然性质资源，包括太阳能、风能、雨水化学能、雨水势能、地球转动能等；反之，则为不可更新资源，包括水土流失与采石等。③环境资源与经济系统资源：环境资源来源于自然环境，经济系统资源则通过人类主导的社会经济系统资源产生。④免费资源与购买资源：取决于该投入资源生产者是免费还是付费获取。

通常，对复合生态系统的能值分析常包括能值流和货币流分析。但因不同历史时期、不同地区的货币值、货币率以及流通货币量不一，由此，本书主要讨论的是能值流。

第三，能值分析统计表的绘制和相关数据的分析计算，整理收集的基础资料并运用能量计算公式计算各种资源类别的能量，通过能值转化率计算各项目所对应的太阳能值。

在系统能值图的绘制完成后，使用能值计算表，开展系统能值计算与分析，以便对系统结构能值特征开展进一步分析和评价。

将系统内外各相关的原始数据列入表中，通过能量折算系统、能值转换率的公式运用，计算各能量能值大小。并根据具体的投入产出类型，将能值流分为可更新资源、不可更新资源、经济反馈投入（包括有机的经济投入及无机的经济投入两种）、系统产出四部分。从系统能值的流动、存储角度而言，系统投入能值包括可更新资源能值、不可更新资源、经济反馈投入等，系统产出则为系统输出和储存能值。通常情况下，系统投入能值（U）包括可更新资源能值（R）、不可更新资源能值（N）、不可更新的工业辅助能值（F）以及可更新有机能值（T）四种，具体分类及含义如表 1-1 所示。产出部分则根据不同作物类型，分为粮食作物、经济作物及牲畜作物三种。

表 1-1　能值评价方法中的不同能值投入分类

项目	表达式	意义
可更新资源能值	R	系统能值投入中的可更新环境资源投入总和，包括同一性质来源下的太阳能、风能、雨水势能和雨水化学能、地热能，以及可更新的木材来源等。
不可更新资源能值	N	系统能值投入中的不可更新环境资源投入总和，包括采石和表土层损耗等。
工业辅助能值	F	系统能值投入中的不可更新无机能投入总和，包括农机具损耗、农药、化肥、机械、电力、柴油等。
可更新有机能值	T	系统能值投入中可更新无机能投入的总和，包括种子、劳动力、畜力和有机肥等。
系统能值应用总量	$U=R+N+F+T$	系统能值总量（U）等于可更新及不可更新的自然环境投入和经济反馈投入之总和。

第四，对系统图的归类和综合，也就是简化第二步的复杂系统图，按类别性质合并同类项目，已达到简化整个系统的能量使用和流动目的。

第五，建立能值指标体系，根据研究目的选择合适的能值分析指标，使研究区域的能量流、货币流、物流、人口流得以综合；对三个亚系统即经济、社会、自然进行统一定量分析计算，分析生态系统运行特征，评价自然环境对社会经济发展的影响。

第六，依能值指标系统分析结果，系统结构与功能的能值评价，对系统的能量流状况进行综合分析，并与其他系统进行比较，找出本系统的能量流问题、不足以及调控的途径，为制定正确可行的农业生态系统管理措施和经济发展策略提供科学依据，指导农业生态系统的良性循环和可持续发展。

第二节　农业生态系统相关概念

一、农业生态系统

农业生态系统是指在一个同质区域中或者有限范围内，通过能量流动和物质循环把生物及其环境联系起来的系统。它是以农业生物为主要组分、受人调控、以农业生产为主要目的的生态系统，其中“农业”包括农、林、牧、副、渔、菌、虫及微生物的大农业。在实际生活中，并没有一个单纯的农业生态系统，农业生态系统的边界其实是人为划定的，是为了学术研究的需要并取决于所研究的目标。根据研究的目标不同，存在不同的划分农业生态系统方式。根据地域划分，可以分为不同区域的农业生态系统；根据农业系统的产业划分，可以分为农田生态系统、林业生态系统、渔业生态系统、牧业生态系统、农林生态系统等；根据农业生态系统所在位置，可以分为旱地生态系统、庭院生态系统、流域生态系统、低洼地生态系统等。

农业生态系统是在人类活动的干预下建立的人工生态系统，较自然生态系统来说，具有自然与社会经济的“双重”特性，在人类社会和自然环境间起着纽带作用。与自然生态系统不同，其在结构上相对简单、开放性较大，而抗干扰能力和自我调节能力等相对较低，需要依赖人类活动干预才能维持其自身的稳定性。

以黄土高原为例，其地形破碎，沟壑纵横，高低起伏，干旱少雨，生态脆弱，农业生态系统多为旱地农业生态系统，生产力低、稳定性差。农业种植结构单一，表现为长期以来以种植业为主，而在种植业内部又以粮食作物占主导地位。黄土高原农业生态系统中，作物的光能利用率低，热量利用率低，绝大部分地区为一年一熟制，能量转化效率差，生物能利用率低。黄土高原地区降水有限，季节和年际间分布极其不均衡，自然灾害以干旱为主，兼有霜冻、冰雹，冬春季干旱、大风、沙尘暴等自然灾害频繁。水土流失严重，直接导致农田土壤养分大量流失，对荒山坡地的垦殖又使水土流失不断加剧，土壤肥力严重下降，限制农业生产力提高。因此，调整农业生态系统种植结构，改善生态系统各项功能，充分利用、合理开发农业自然资源，从而建立稳定与高效的农业生态系统，促进农业生态环境良性有序发展。

农业生态系统可以认为是“人工驯化了的生态系统”。农业生态系统各生物组分是以人工驯化的农业生物为主，在环境组分中，多了人工环境组分。农业生态系统的输入既有自然的输入日照、降雨等，也有社会的输入人力、畜力、农药、化肥、机械、电力、信息、资金等。农业生态系统由于物种单一，因此系统的稳定性、缓冲性和恢复能力较差，与其他系统相比，它具有更大的能量、物质和信息的交流，系统开放性更强。由此可见，农业生态系统不仅受自然规律的支配和调控，同时还受到社会经济规律的间接支配和控制，也常常被称为半人工生态系统。

二、农业生态系统结构

农业生态系统结构，是指农业生态系统组分在空间、时间上的配备及组分间的能量流、物流顺序关系。它主要是指人们可以有效控制和建造的生物种群结构，主要包括水平结构、垂直结构、组分结构、时间结构、营养结构五种基本类型。农业生态系统的结构将直接影响到系统的稳定性和功能、转化效率及其系统生产力。生物种群结构越复杂、食物链越长、营养层次越高，其稳定性、缓冲性和恢复性就越强。因此，在农业生态系统中，合理进行配备种群，处理好农林牧渔之间的结构关系，有效避免结构的单一化，是保持农业生态系统稳定性，提高生产力的重要途径。

三、农业生态系统环境特征

人类的生存和农作物的生长依赖于农业生态环境。而农业生态环境自身又拥有其不同的特征，因此研究农业生态环境的特征对于更好地利用、维护农业生态环境意义重大。

（一）差异性

我国幅员辽阔，农村地区的土地面积占国有土地的大部分，各地区的自然条件存在明显差异，从而形成了各地区不尽相同的农业生态环境。同时，由于

各个地区的人文水平和发达程度等存在的差异，导致了对农业生态环境保护程度的参差不同，同时也在不断地反作用于生态环境。

（二）隐藏性

长期以来，由于人们环保知识的缺失，农药和化肥等化学试剂被大量地应用到农作物的耕作中。同时随着人口数量的逐年增加，废弃物的随意丢弃也成了生态环境恶化的一个主要因素。但是，由于人们长期环保意识不强，这些因素对生态环境的影响表现出了一定的隐蔽性，只有经过长期的积累达到明显的质变以后，才会逐渐被人们察觉。

（三）联系性

农业生态环境为人类生存与发展提供了基本条件，人类的行为在很大程度上影响着农业生态环境。在农作物的生产和销售过程中，一些农作物显示出了其独特的优势，农民为了获得较高的经济效益，过度地发展某一营利性企业造成某一资源的逐渐匮乏，导致了农业生态环境系统的不平衡。

农业系统是一个复杂的生态、经济、社会复合生态经济系统。农业生态系统既是一个以营养生产为目的的生态系统，又是一个开放的经济系统。前者要与自然界产生密切联系，后者是通过资源投入和人类劳动生产农产品，以获得经济效益。农业生态系统是农业经济系统的基础和保障，农业经济系统对农业生态系统起着重要的引导和影响作用。在人类农业生产活动过程中，农业经济系统凭借资金、技术、生产资料的投入，改变生态系统的能量转化和物质流动。农业生态系统通过产品的生产，为农业经济系统提供物质支持。由此可见，农业生态系统不仅具有能量流、物质流和信息流，还具有价值流。研究农业生态经济系统，首先要对其结构和特点有深入地研究，了解其独特性，从而促进农业的可持续发展。

四、农业生态环境与农业可持续发展之间存在的联系

农业的可持续必须建立在生态环境持续发展的层面上，这才是具有现实意义的可持续。如果生态环境受到不断的破坏和威胁，那么农业的可持续发展就失去了基本的理论根基。农业生态环境是经济发展的命脉，为农业生产提供保证。我们在探索自然寻求社会进步的同时，破坏生态环境的事件屡见不鲜，人类社会发展的经验与教训让我们清晰地认识到，发展农业与农业生态环境的保

护是息息相关的。农业生态环境的破坏不仅危害人类健康，更对社会发展起到极大的滞后作用。农业生态环境的保护也凸显其必要性。农业要想可持续保护农业的生态环境是必要之举。

农业的生态环境只有在农业可持续发展真正实现时才会得到更有利的保障。可持续发展不仅涉及人们的生活和切身利益，其“触角”更延伸到全社会的各个产业和所有细节，为农业的发展提供支撑。农业可持续发展不仅要提高农业生产率增长，还要提高粮食生产的产量，这就强调了农业生产与资源利用和农业生态环境之间的彼此作用和影响。只有农业生态环境得到真正的改善和整治，农业的发展才能够逐渐向可持续的进程迈进。与此同时，在农业的可持续性提高的同时又会反过来加快农业生态环境的改善，两者是辩证统一的关系。其间的关系主要表现为以下几点。

（一）农业生态环境是农业生产的基本保障

农业的可持续发展是对农业的进一步发展和升华，如果没有农业就没有所谓的可持续发展。农业的生产依赖于阳光、水、土地等农业生态环境系统，如果没有这些自然生态环境，农作物就不能通过利用阳光、水、空气等自然环境和吸收土壤中的养分来最终合成对人类有帮助的植物和农作物等。因此，农业生态环境与农业有着不可分割的紧密联系，它更是农业生产所必需的。

（二）农业生态环境为农业可持续发展提供了“必要的能量供给”

农业可持续发展思想是其在农业范围内的升华，这一观念抛弃了以往片面地对农业生产产量的追求，而是寻求一种“绿色”的生产方式来实现生产的持续性，促进社会的发展。然而，环境的恶化又带来了新的课题，正是基于这些原因，生态环境的地位就更显重要。农业的可持续发展是惠及民众的基础工程和系统工程，农业生态环境为农业的持续发展提供“必要的能量供给”。

（三）良好的农业生态环境与农业的可持续发展相互影响、相互促进

良好的农业生态环境是农业可持续的本质要求和中心支柱，不仅为其发展提供环境条件，还为其提供养分供给，而农业的可持续发展又反过来促进农业生态环境的改善。农业生态环境对农业可持续的影响就犹如树根对树一样，如果生态环境受到破坏发展便没有了根基；农业的可持续发展对农业生态环境的影响就像树叶对树一样，没有农业可持续发展，农业生态环境便会逐渐“恶化”直至“枯萎”。两者相互促进相互制约，处在一个循环的大系统中。

第三节　理论依据

一、可持续发展理论

可持续发展的核心问题是在保护后代人利益不受损害的背景下，如何最适当、最有效地开发和利用自然环境资源。要改变人们无限制开发自然资源满足自身需求的现状，应使人们意识到不应单单追求经济发展，同时要保护生态环境，为我们后代的永续发展创造条件。

可持续发展是生态、经济和社会三大系统之间的协调发展，三者之间相互作用、相互影响，不可分割。可持续发展要求人类在发展中追求经济效率、注重生态保护和保证社会公平，并力求达到三者的和谐统一，实现全面发展。

（一）经济可持续发展

可持续发展在环境保护的同时也要促进经济增长，这是因为发展经济是创造社会财富和发展国家实力的基础。可持续发展追求的是经济发展的质量，而不仅仅是经济增长速度和数量。可持续发展要求文明消费和清洁生产，用来提高经济效益、减少废物和节约资源，改变传统“高污染、高消耗、高投入”的消费模式和生产模式。可持续发展是在不否定经济增长的前提下，用长远发展的眼光来实现经济的持续增长。首先要转变粗放型为集约型的生产方式，降低人类活动施加给环境的压力。因为环境的破坏来源于社会经济发展，那么其解决方法也应该在经济发展过程中去探索和寻找。

可持续发展理念并不意味着以完全抑制经济的发展为代价来盲目地对环境进行保护，它的实质是强调经济增长的适度性。借鉴历史经验，经济“零增长”只会加速环境的破坏、生态退化和自然资源的枯竭，影响人们的生产生活环境和生活水平，最终影响社会进步的步伐。可持续发展是经济发展追求的目标。

（二）生态可持续发展

生态环境的发展问题是一个关系到人类生存的关键问题。良好的生态环境是可持续发展得以实现的必要充分条件。这个结论就要求我们在日常生产和生活中，必须加强对整个自然生态系统的保护。生态环境的可持续发展是一个

“绿色”向上的发展观，是对生态环境保护目标的一个很好的诠释，是事关整个社会得以持续化、经济得以循环化的重要战略内容。因此，在经济发展的同时要兼顾生态环境的保护，是可持续发展的客观要求，对可持续发展具有重要的意义。

为了保证持续使用环境成本和自然资源，必须在发展时保护并改善生态环境，使人类经济发展在地球承受能力内。生态可持续发展要求以自然生态资产为基础，同环境承载能力相协调，是在保护环境前提下发展生态，实现生态的可持续性发展。要鼓励可持续的消费方式和清洁生产，使单位的经济活动产生的垃圾数量尽可能降低。可持续发展要求体现自然资源的使用价值。这种价值不但表现在自然环境资源对经济影响和彼此作用上，同时应把在生产中产生的环境资源的服务和投入加入生产成本里，并使经济核算体系逐渐修改并完善。

（三）社会可持续发展

可持续发展的最终目的不仅是指让人们的生活水平得到质的飞跃，更包括对人们合理“欲望”的实现。社会的可持续发展必须提高社会的整体质量指数，使公民生活在民主、平等的“大家庭”中，实现和谐的一种可持续发展。

可持续发展注重社会公平，但其实质是保持公民自身健康，改善公民生活质量，同时创造一个全民教育、自由、平等的社会。这就意味着，经济可持续是人类社会可持续发展系统的根基。可持续发展的目标是提高人们的生活质量，促进社会的发展。经济的增长是提高人均生产总值，而发展则需要使经济和社会结构进行转变，使社会发展的目标能够实现。

（四）农业可持续发展

保障资源、生态环境的持续发展是农业可持续发展的重要内容，先进的科技是农业可持续发展的有力手段，保护生态环境是农业可持续发展的基本要求。农业可持续发展是可持续发展概念延伸到农村及农村经济发展领域时形成的，其涉及面广泛，包括人口、农业、环境和社会等方面。提高粮食生产产量是农业可持续发展的主要内容，它为社会的稳定做出了巨大的保障。农业可持续发展不仅要体现可持续发展的特点和要求，而且还应体现国民经济基础产业自身的特殊规律。农业可持续发展的核心是保护生态环境，直接目标是发展，重要内容是提升农民的综合素质，最终目标是提高农业生产效率、促进社会的全面进步。农业可持续发展不是一味地追求农作物产量的输出，而是从多方面提升我国农业的综合实力，从而最终实现社会不断发展的一种机制。

第一，环境可持续性。人类的生存和经济的发展依赖自然资源的维护。可持续发展以生态环境的保护为前提，可持续发展是生态环境得以保护的保障。因此，农业的可持续发展必须包含环境的可持续性。

第二，资源可持续性。在农业可持续的内涵中资源可持续性是其中的一项重要内容。没有良好的资源环境，农作物就不能茁壮地成长。因此，有效地整合资源环境、坚决抵制非持续现象的发生，对于农业的可持续发展具有促进作用。

第三，社会可持续性。实现社会的民主和公平以及生活水平在质上的飞跃是可持续发展的最终目标所在。同时，它还积极促进人与自然和谐相处，注重农村社会环境的发展，如社会公平性问题、人口素质提高等问题。

第四，农业经济可持续性。发展经济，获得经济效益，保证生产的持续发展。农业经济可持续性有力地保障了高效生产和人类对物质的需求。

（五）农业可持续发展的目标

农业是社会发展的基础，是推进一切事业不断发展的动力，是社会进步的保障。因此，农业的可持续发展不仅要考虑到农业生产、农村经济的发展，还要考虑到农业生态环境保护与社会的稳定。

第一，生态可持续性。生态环境是农作物生长的必要条件，是农业可持续发展的基本条件。如果农业实现了可持续发展，那么生态环境就会得到相应的促进。农村生态的可持续性依赖于我国生态环境的保护和完善，又为我国农业经济可持续性奠定了坚实的基础和保障。农村生态的可持续性就要求我们有效地保护自然资源、保护环境的承载能力、维护生态系统的完整性。在生产建设过程中，减少环境的污染、提高环境保护的意识、增强生态环境的建设，努力为可持续铺就一条平稳、快捷、高速发展的大道。

第二，经济、社会可持续性。农业可持续发展要求切实维护农民的经济和社会利益，增加农民收益。为不断提高农民的收入，满足社会对农产品的需求，加快科技含量的投入、优化产业升级、保护农业生态环境等有效措施的应用是实现目标的重要手段。加大科技投入，加快农业建设步伐，改善生态环境。

第三，加快我国社会主义新农村建设的步伐。社会主义新农村建设需要一个良好的自然环境，扎实有效地不断推进科技兴农战略，不断加大对农业生态环境、农业生产的管理，逐步实现农民的共同富裕。

在可持续发展的理念中，发展是核心和主题，是人类存在的价值和活力的来源。没有发展，可持续也就成为无源之水。可持续是发展的方向，可持续发展是一种有约束的发展，是在适当的规模、范围、强度和水平下的发展，时刻注意与生态环境协调，在环境承载力的范围内进行生产活动，对于自然资源的攫取要有限度，节约使用不可再生资源、保护性地使用可再生资源，循环利用生产资料，减少废弃及有害物质的排放，减轻对环境的压力。公平是可持续发展的准绳，可持续发展强调公平性，不仅要实现本代人的公平，还要实现代际间的公平，给后代以公平利用自然资源的权利，不对后代人的生存和发展构成威胁。另外还要在时间和空间上对资源进行公平分配，给所有人公平发展的机会。人类可持续发展要与社会进步相适应，发展要有利于人民生活质量和生活水平的提高，有利于保持社会稳定。

总之，可持续发展的核心思想是调控自然—社会—经济间的关系，使人类在保护自然环境的前提下发展经济，保证资源承载能力和提高人们生活质量。

二、农业生态学理论

农业在经济上的可持续发展实际上是自然资源的可持续发展过程，是农业经济系统在发展中的良性循环过程，是追求农业经济系统要素及与其相关的系统之间的相互协调，追求农业外部环境与经济整体有机融合统一的过程。农业生态系统是一个复杂生态系统，系统整体上由社会、经济、生态三个部分组成。系统内部存在物质循环、能量流动、信息交换等一系列的能量活动，而这些能量功能的实现与系统内部结构和相互关系息息相关。

因为经济发展需要依赖于农业资源，但由于经济发展对生态资源可利用的有限性与自然资源的需要无限度性，形成了农业上生态经济的主要矛盾。通过在农业中经济系统和生态系统实现相互交融，一方面可以维护生态系统的平衡并持续增加系统产出，另一方面也可增加总体效益。通过调控农业生态系统，可以建立起生态可持续与经济发展目标相配合的协调机制，从而实现农业生态系统的可持续发展。

农业生态系统是一个开放的系统，在系统运行过程中必须保持其开放性，要源源不断地从外界环境摄取物质和能量才能保持其正常运转，同时系统也向外部环境输出产品和能量，以保持系统的平衡机制，使系统更加有序、稳定，维持一种动态平衡的状态。

生态、经济、社会这三个影响的因素构成了农业生态系统，生态系统在农业生态系统发展中是最为基础的，在整个农业生态系统中也是很重要的。在改革开放后市场经济下，基础的农业生态系统的运行一定会影响其关联的其他系统的发展，同时影响人类的生活；不仅如此，农业生态经济系统的发展同时会

受到其外部环境如国家、全球等大系统制约。因此，人类社会、农业经济和农业生态共同发展才会促进农业生态系统发展，农业生态系统的可持续发展应是世界范围内农业生态系统的可持续发展，而不仅是单一组织或农户的农业经济可持续发展。农业生态经济系统的可持续发展对整个社会都有非常大的意义，它是整个社会发展的基础。因此，对其分析时也要着眼于一定层次上的农业生态经济体系。

三、循环经济理论

循环经济理论是在全球人口剧增、资源短缺、环境污染和生态蜕变的严峻形势下，人类深刻认识自然、改造自然的产物，也是人们遵循自然规律和探索经济发展的客观规律的产物，是对生产和消费活动的高度理性认识的结果。由于全球人口剧增导致对资源的需求大幅上升，人们以高强度的开发力度把地球资源和物质开发出来，这种不顾自然环境承载力的无节制开发利用方式和以经济利润获取为主的生产观，不仅没有考虑到自然环境系统的承载能力和修复能力，而且对环境污染的治理效果往往不理想，一般为末端治理，治理周期长且花费的成本较高，没有实现生产过程污染治理的全过程控制和源头的监督预防。而循环经济模式旨在通过资源的循环利用、转化来带动经济的发展，有效协调生态系统、生产过程和经济增长之间的关系，使用清洁的能源和原料，采用先进的清洁生产设备，力求达到污染物“零排放”。

循环经济理论在循环农业中的应用主要有以下几个方面：循环农业生产活动中，通过从源头减少资源与能源的投入实现循环的物质能量流通路径。循环农业可最大限度减少畜禽废弃物排放，减轻环境污染程度，使人类在良好的环境中生产、生活，提高人们的生活质量；养殖业畜禽粪便和种植业秸秆腐熟堆肥产生的有机肥，使土壤肥力增加，农产品产量不断提高，减少化肥农药等购买性资源的投入，从而实现节本增效；农田生产的稻草可作为养殖场饲料来提高农产品可再生资源利用率；循环农业生产过程要求对农产品尽可能地重复使用，延长产品的使用周期；鼓励农户积极参与到循环农业生产中，增加农户就业机会，达到人与自然和谐统一发展。

四、生态经济理论

众所周知，自然界中的生物是相互联系的，这些生物之间通过交换物质和能量相互作用，其生活的外部环境是一个有机整体，通过寻求外界资源并进行能量输入与输出维持它们的正常运转。当然，这些活动离不开外界资源提供的太阳辐射和能量物质。在热量输入、废弃物排放输出过程中，根据生物与环境的不同结构特征，生物实现能量、物质和信息间的多次转换，也就是生态经济系统中的能量流、物质流和信息流。任何一个生态系统都是开放的系统，其依赖外界资源的能源供给，受到外部环境的影响，但是系统不是机械的全部接受环境的影响，其自身具有反馈功能，可以自动调解外部损伤和维持正常生态结构，实现平衡发展。生态经济的本质也就是实现人工系统与自然系统协调统一发展。在生态环境承受力范围内，构建人工、自然与经济系统的复合系统模式，成为生态友好、经济发展的“双赢”系统。生态经济理论在循环农业的应用上有如下几个方面：循环农业生产方式在可持续利用物质资源的基础上建立绿色农业发展目标。该生产方式注意资源的循环利用和农业系统空间结构的优化，是合理利用农业内部资源的生产方式；循环农业生产方式坚持绿色生态发展理念，提倡资源开发与培植相结合，从而达到保护生态环境，提高农业生产力，改善农民生活质量，实现农业与农村可持续发展的目的。

五、能值理论

能值理论的基本原理是自然界中的生态经济系统的一切能量皆来自太阳能。自然界和人类社会中的各种产品和服务中都储存着能量，这些能量间的组成单位不一致，不便于直接或间接核算生态系统中一切能量的总量。能值分析方法利用生态学中的能值为衡量生态系统的总能量提供了新思路。能值理论是在 20 世纪 80 年代由美国著名生态学家 H. T. Oudm 创立的，能值分析以能值为评价标准，运用统一的标准对一切产品和服务进行核算，以统一的能值标准为量纲，将储存在各经济系统内的不同类别、不可比较的能量和物质转换为统一的基准——能值，能量间的转换单位为 sej，转换系数为 sej/J，即 1 J 的某种产品或服务所需要的能值，从而进行定量研究与分析。该方法具有有效评价生态系统的生态效率、评估系统的可持续性和综合分析生态系统的能量流、物质流与信息流的优点。运用能值理论构建反映系统结构和功能的能值指标评价体系，为制定经济发展政策提供依据。在此引入能值理论，采用能值分析方法定量分析了循环农业系统的可持续性与生态的效率，从而提出优化系统的建议，促进农业持续健康发展。

第二章　农业生态系统能值投入产出模型构建

农业发展受到多方面因素的影响和制约，土地资源的投入、农田水利情况、农产品价格、农业机械化、化肥和劳动力等辅助能的投入都会对农业的产出产生影响。在众多影响因素中，确定其中的主要驱动因素和限制因素，并分析其影响力的大小，对于了解农业生态系统发展规律，指导农业的投入产出和调控，都是非常重要的。

由此，本章分别以陕西和宁夏为例，对农业能值投入产出结构进行分析与探讨。

第一节　农业能值投入产出模型构建

一、农业能值投入产出模型的可行性分析

传统的农业投入产出模型仅能反映农业生态系统中各要素之间的经济关系，而无法反映农业生态系统各要素之间和环境的关系；由于农业各要素之间衡量单位的问题，不能在表中直接合并，因此传统的农业投入产出模型只能满足横向的平衡，而无法满足纵向的平衡。由于传统农业投入产出模型有较大的局限性，在此可以将生态学的能值理论与经济学的投入产出模型进行结合。能值理论的引入将解决实物型农业投入产出模型无法纵向合并的问题，其内部要素的投入情况也不只是反映经济价值的投入情况，而是反映环境资源和经济价值共同投入的情况。

因此，这里以传统的农业投入产出模型作为基础，结合当前农业生产的情况及能值分析方法构建农业能值投入产出模型。将生态学和经济学相结合，为农业生态发展的研究提供新的思路和研究方法。

二、农业能值投入产出表编制

在设计农业能值投入产出表时，以传统农业投入产出表作为基础，在此基础上结合农业的情况和能值分析方法，编制具有实用价值的农业能值投入产出表，见表 2-1。农业能值投入产出表既能够反映各种产品之间的经济联系，又能够反映各产品之间的生态联系。

表 2-1　农业能值投入产出表

<table>
<tr><td rowspan="3">投入</td><td colspan="4">中间使用</td><td colspan="2">农村自留</td><td colspan="2">商品产品</td><td rowspan="3">平衡差</td><td rowspan="3">总产出</td></tr>
<tr><td>种植业</td><td>畜牧业</td><td>林业</td><td>渔业</td><td rowspan="2">自给性消费</td><td rowspan="2">增加库存</td><td>非农业中间产品</td><td>最终产品</td></tr>
<tr><td>1～n</td><td>1～n</td><td>1～n</td><td>1～n</td><td>1～n</td><td>1～n</td></tr>
<tr><td rowspan="6">中间投入</td><td>种植业</td><td>1～n</td><td colspan="2" rowspan="4">Ⅰ</td><td colspan="2" rowspan="4">Ⅱ</td><td rowspan="4">Ⅲ</td><td rowspan="4">Ⅳ</td><td rowspan="4"></td><td rowspan="4"></td></tr>
<tr><td>畜牧业</td><td>1～n</td></tr>
<tr><td>林业</td><td>1～n</td></tr>
<tr><td>渔业</td><td>1～n</td></tr>
<tr><td>工业辅助能投入</td><td>1～n</td><td colspan="2">Ⅴ</td><td colspan="6" rowspan="2"></td></tr>
<tr><td>有机能投入</td><td>1～n</td><td colspan="2">Ⅵ</td></tr>
<tr><td colspan="2">总投入</td><td></td><td colspan="2"></td><td colspan="6"></td></tr>
</table>

农业能值投入产出表的水平方向反映的是农业产品按经济用途的使用情况。在传统农业投入产出表中，水平方向由中间产品和最终产品两部分组成，中间产品是该时期内在生产领域中尚需加工的产品。最终产品是在本时期内生产领域已经加工完毕的产品，可供使用的产品。中间产品和最终产品的和就为总产品的数量。

在农业能值投入产出表中，农产品可以分为非商品和商品两种产品，非商品产品即农民用于生活消费和用于农产品生产消费的产品，如农民自己吃掉的农产品等。商业产品则为农民出售给社会的那部分产品。

在农业能值投入产出表中，水平方向由 4 个象限组成：第Ⅰ象限是农业的中间产品，即在农业生产过程中所消耗的农产品数量。第Ⅱ象限是农村自留，即农民用于自身生活消费的产品。第Ⅲ个象限是非农业中间产品，即在出售农产品时，销售给食品加工厂、皮革厂、纺织厂进行再次加工的这部分农产品。

第Ⅳ个象限则是商品产品，即直接进行城市销售、农村销售等的这部分农产品。

农业能值投入产出表的垂直方向表示各类农产品在生产过程中所消耗的农业产品、工业辅助能和有机能。该投入产出表的垂直方向由3个象限组成：第Ⅰ象限可反映农产品在生产过程中所需要的农产品投入。第Ⅴ象限可反映农产品在生产过程中所需要的工业辅助能投入，如电力投入、化肥投入等。第Ⅵ象限可反映农产品生产过程中所需要的有机能投入，如劳力投入、有机肥投入等。

三、农业能值投入产出表的部门设置

（一）部门设置原则

农业能值投入产出表在部门设置时，应该考虑以下两个原则，即生态经济效益原则和部门间联系原则。

1. 生态经济效益原则

编制农业能值投入产出表主要是为了研究各个农业部门的生态经济效益，运用能值对数据进行处理，使得数据具有生态效益，那么各农产品的经济效益就是部门设置中最需要考虑的问题。在种植业中其产品一般都能够直接反映其经济效益。畜牧业的最终目的是向社会提供畜产品，因此设置部门时应按照畜产品来设置，如猪肉、牛肉、羊肉等。但畜牧业部门如若按照种类来设置，有可能出现虚假现象。林业和渔业通常也是按照其产品种类进行部门设置。

2. 部门间联系原则

投入产出表的一个重要目标是反映各部门之间的联系。如果部门的设置不合适，便难以反映各部门之间的联系。每一个部门间都有着亲密的联系，如种植业与畜牧业之间，种植业向畜牧业提供粮食、秸秆等作为饲料，而畜牧业会向种植业提供有机肥，如猪粪、牛羊粪等，也会在种植时进行耕种，也就是提供畜力。如若只以农产品为标准设置部门，其各个部门之间的联系将难以反映。

（二）部门设置

根据以上原则，农业能值投入产出表中的部门设置，将要把畜力、有机肥等作为单独的部门列出。同时在种植业中的一些副产品也要单独列出，如秸秆。这样才能更全面地反映各个部门之间的联系。因此，农业能值投入产出表一般包含以下几个部门。

种植业：谷物、豆类、薯类、油料、棉花、麻类、甘蔗、烟叶、蔬菜、水果、茶叶、秸秆等。

畜牧业：猪肉、牛肉、羊肉、禽肉、禽蛋、兔肉、牛奶、羊奶、蜂蜜、猪皮、牛皮、羊皮、羊毛等。

林业：木材、林材、油桐籽、油茶籽、乌桕籽、松脂、竹笋干、坚果等。

渔业：海洋捕捞、淡水捕捞、海水养殖、淡水养殖等。

工业辅助能：化肥、农药、农用柴油、农用机械、农膜、农业用电等。

有机能：劳力、畜力、有机肥等。

根据调研数据和当地农业投入产出的实际情况，在编制农业能值投入产出表时，部门的选择包括以下方面：

种植业：谷物、豆类、薯类、棉花、油料、蔬菜、烟叶、中草药、茶叶、水果等。

畜牧业：猪肉、牛肉、羊肉、禽肉、兔肉、蜂蜜、蛋等。

林业：油茶籽、竹笋干、坚果、木材、竹材等。

渔业：淡水养殖等。

副产品：秸秆等。

工业辅助能能值投入：化肥、农药、农膜、农用机械、农用柴油、农业用电、精饲料等。

有机能能值投入：劳力、畜力、有机肥、草等。

其中，种植业中的谷物包含稻谷、玉米、高粱等。秸秆属于农副产品，在计算谷物等农作物的农业能值投入时，也包含了种植秸秆消耗的能值，为了不重复地进行能值投入，在处理秸秆这个部分的数据时，秸秆这个部分可只对农业生产活动有投入的行为，而不消耗其他农作物的能值。

四、农业能值投入产出表的数据处理方法

（一）数据处理的步骤

农业能值投入产出表的数据应结合能值分析法进行处理，步骤如下：

1. 收集研究相关的基本资料

通过调查、测定、访问、计算，收集与研究对象相关的能量流、信息流和货币流的资料，并加以归类。

2. 绘制能量系统图

能量系统图主要用于明确生态流方向、系统内外相互关系以及系统基本结构。在了解社会经济状况与系统生态环境的条件下，可通过下述步骤进行能量系统图的描绘：

（1）系统范围边界的确立，将以方框边界对系统内、外成分进行划分。

（2）系统主要能源的列举，通常都会在边界之外进行系统外能量的描绘。

（3）系统内成分的确立，运用不同能量符号代替分解者、消费者以及生产者等。

（4）系统内成分关系与过程的列举，如消费与生产、相互作用以及存储与流动等。

（5）系统图解全图的绘制。

3. 数据转换

（1）通过能量转换系数，将能值分析表中各物质转换成各物质的总能量。

（2）通过能值转换率，将各类别能量等转换为共同的能值单位。

（二）农业生态系统能量系统图

能量系统图可以反映出各系统内部的基本结构以及系统内外能量和物质间的相互关系。各图例能值转换率高低和其各自代表的成分决定了系统图边界内外各图例排列顺序。农业生态系统一般都会包括四个子系统，即种植业、畜牧业、林业和渔业。从外界输入的能量有以下三种：一是环境资源能，环境资源能主要以太阳和雨水形式投入农业生态系统中；二是工业辅助能，工业辅助能主要包括化肥、农业用电、农用机械、农药、农用柴油和农膜这一类不可更新的能源；三是有机能，有机能包括有机肥、畜力、人力等能源。系统中主要由种植业、畜牧业、林业和渔业输出物质。

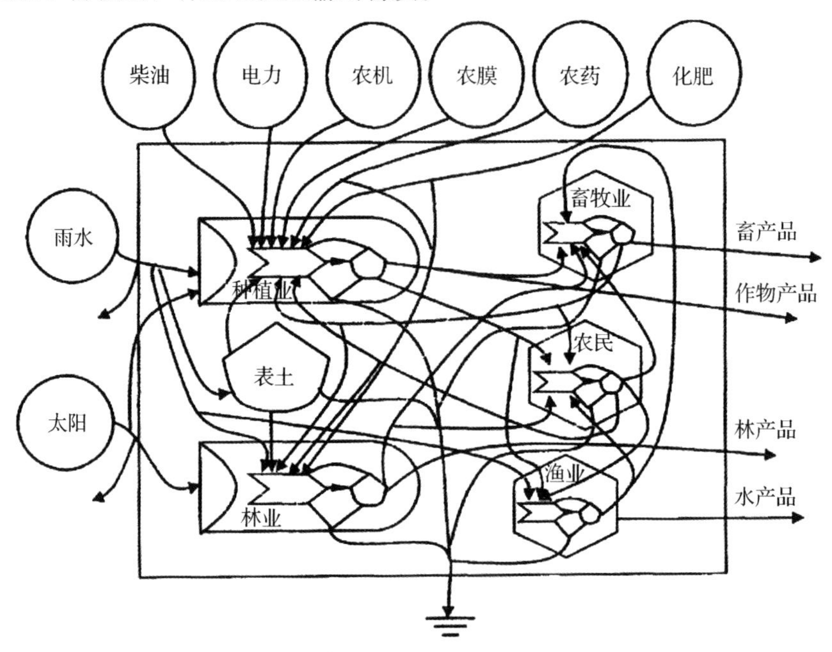

图 2-1　农业生态系统能量流示意图

表 2-2　主要能量系统符号语言及其用法

符号	组件名称	含义
	能量来源	表示所有从系统外界输入的各种形式的能量（物质）
	系统边框	用于表示系统边界的矩形框，是系统内外的分界线
	储存库	系统中储存能量的场所，如土壤、地下水等
	热槽	能量的耗散，储存库、工作、组件中要释放的能量

续表

符号	组件名称	含义
	生产者	植物之类的生物生产者
	消费者	表示微生物、动物等，通常是异养生物

（三）数据处理的计算方法

农业能值投入产出表中的有机能投入（劳力、畜力、有机肥等）和工业辅助能投入（化肥、农药、农业用电等）以及产出的种植业产品（谷物、豆类、薯类等）、畜产品（肉类、蛋、牛奶等）、林产品和水产品的能值计算，可以通过走访调查或统计年鉴中搜集到的资料，得到各物质、能量的投入或产出的数据，大部分数据借助能量折算系数转化为能量（以 J 为单位），再根据各种物质、能量的太阳能值转换率（以 sej/J 为单位）换算成统一的太阳能值（以 sej 为单位），还有小部分直接借助能值转化率（以 sej/g 为单位）换算成能值（以 sej 为单位）。

1. 农产品能值计算

（1）某种农产品能值产出量。

某种农产品能值产出量＝实物量×能量折算系数×能值转换率

（2）某种农产品能值投入量。种植业的农产品在进行中间投入时，一般投入为种子的投入量，但一些农作物如薯类，则是使用块茎进行种植。因此在计算农产品中间能值投入量时，要根据情况进行换算。

种子种植的农作物中间能值投入量＝种子投入量×该作物能量折算系数×种子能值转换率

块茎种植的农作物中间能值投入量＝块茎投入量×该作物能量折算系数×该物质能值转换率

（3）秸秆能值投入量。在农业生产中，除了稻谷、玉米等农业生产的主产品，还产生稻草、玉米秸、高粱秸、薯藤等农业生产的副产品，这一类副产品也将对农业生产进行投入，为了使得投入产出表的对应更加明确，在农业能值投入产出模型中应加入副产品秸秆。秸秆在种植业中，将以绿肥的形式进行回田。在畜牧业和渔业中，将以饲料的形式进行投喂。秸秆产量在农业生产中较少有人进行系统的统计，因此秸秆产量按照以下原则估算：

稻草秸产量为稻谷产量的2倍，玉米秸产量为玉米产量的4倍，高粱秸产量为高粱产量的4倍，麦秸产量为小麦产量的3倍，豆秸产量为豆类产量的3倍，薯藤产量为薯类产量的1倍，棉花秸产量为棉花产量的4倍，花生蔓产量为花生产量的2倍，菜籽杆产量为油菜籽产量的4倍，烟杆产量为烟叶产量的千分之一。

根据以上原则估算出不同的秸秆量，进行加总，便可得到秸秆的总产量。

由于秸秆没有固定的能量折换系数和能值转换系数，在计算秸秆的能值投入时，可假定其折能系数和能值转换系数与其主产品相同。因此秸秆的能值投入量计算公式为：

秸秆能值投入量＝秸秆量×主产品能量折换系数×主产品能值转换率

例如：

稻草能值投入量＝稻草量×稻谷能量折算系数×稻谷能值转换率

秸秆的能值总投入量则为该农业生产活动中所包含的全部秸秆的能值量。

2. 工业辅助能能值投入

（1）化肥、农药、农膜的能值投入量。

能值投入量＝该物质的使用量×该物质的能值转换率

（2）农用柴油、农用机械、农业用电的能值投入量。

能值投入量＝该物质的使用量×该物质的能量折算系数×该物质的能值转换率

（3）精饲料的能值投入量。当前畜牧业中追求快速生产，在饲养牲畜时将会投喂精饲料，以促进牲畜生长。例如，养猪场为了提高产量，追求更大的利益，在饲养猪时则会投喂精饲料。为了让投入产出表对应关系更加明确，且精饲料的成分中含有一定比例的激素，与化肥一样有促进生长的效果，因此在工业辅助能投入一栏应加入精饲料。

精饲料没有特定的能量折算系数和能值转换率，但是由于其效果与化肥类似，因此精饲料的能值投入量采用化肥的能值计算公式。

精饲料能值投入量＝精饲料使用量×化肥能值转换率

3. 有机能的能值投入量

（1）劳力、畜力的能值投入量。劳力（畜力）一般情况下的能值转换如下：

劳力（畜力）一般情况下的能值转换=每年劳力（畜力）数量×能量折算系数×能值转换率

但劳力或畜力对于农作物生产的中间投入难以以数量的方式去表达，一般以工日为单位去进行登记，表示一年内种植该农作物消耗多少工日。因此劳力或畜力的中间能值投入量不可以仅靠数量来计算。

劳力的能值投入量=劳力数量×（该农作物消耗劳力工日/总劳力工日）×能量折算系数×能值转换率

同理，在计算畜力的能值投入量时，其中的畜力数量将为该地区的役畜数量，而不是牲畜的总量。

畜力的能值投入量=役畜数量×（该农作物消耗畜力工日/总畜力工日）×能量折算系数×能值转换率

（2）有机肥的能值总投入。

有机肥的能值总投入=当年排泄物的总量×能值转换率

当年排泄物的数量难以靠统计获得，因此对其进行估算，应按照不同的生存周期和每天大致的排泄量进行换算，最终求得总的排泄量。估算原则如下：

猪的排泄量：可分为精饲料饲养的猪和谷物等农作物饲养的猪的排泄量。

精饲料饲养的猪的排泄量=总数×180 天×2 kg

农作物饲养的猪的排泄量=总数×180 天×8 kg

牛的排泄量=总数×365 天×20 kg

羊的排泄量=总数×300 天×1 kg

禽类的排泄量=总数×300 天×0.15 kg

兔子的排泄量=总数×150 天×1 kg

人类的排泄量=总数×365 天×4 kg

有机肥的中间能值投入量则可根据实际调研所得到的比例进行折算。

4. 草的能值投入量

部分地区会种植草作为农产品对农业生产活动进行投入，但部分地区是直接以野草作为产品进行投入。因此对草的划分应该考虑各个地区的实际情况。若该地区进行猪草、渔草的规模种植，则应该将草这个科目编为农业能值投入。如若该地区直接以野草投入，则将草这个科目编为有机能能值投入。

当草作为中间投入时，可分为两个情况，即作为饲料，主要是对畜牧业或渔业，如猪、牛、羊、鱼等进行喂养；作为绿肥，则是使用青草进行堆肥，最终投入种植业或者林业中。在进行中间投入时应该对其进行详细划分。

由于草也没有确切的能量折算系数和能值转换率，考虑其与蔬菜的投入状态和生长状态较为类似，因此计算草的能值投入量时可采用蔬菜的能量折算系数和能值转换率。

草的能值投入量＝草的产量×蔬菜能量折算系数×蔬菜能值转换率

五、农业能值投入产出的行模型

将前面第Ⅰ象限、第Ⅱ象限、第Ⅲ象限、第Ⅳ象限和平衡差对应的行相加，建立农业能值投入产出模型的行模型。

（一）农业能值投入产出模型行平衡关系式

农业能值投入产出模型中的行平衡关系表达式为：

（种植业、畜牧业、林业、渔业）中间产品使用能值＋农村自留能值＋非农业中间产品能值＋最终产品能值＋平衡差能值＝总产出能值

设：第Ⅰ象限（即农业中间产品使用）的元素能值为 x_{ij} ，第Ⅱ象限（即农村自留）的元素能值为 z_{ij} ，第Ⅲ象限（即非农业中间产品）的元素能值为 $f_{ij}^{(a)}$ ，第Ⅳ象限（即最终产品）的元素能值为 $f_{ij}^{(b)}$ ，平衡差的元素能值为 h_i ，总产出的元素能值为 X_i 。根据行平衡表达式，有：

$$\begin{cases}(x_{11}+x_{12}+\cdots+x_{1n})+(z_{11}+z_{12})+(f_{11}^{(a)}+f_{12}^{(a)}+\cdots+f_{1n}^{(a)})\\+(f_{11}^{(b)}+f_{12}^{(b)}+\cdots+f_{1n}^{(b)})+h_1=X_1\\(x_{21}+x_{22}+\cdots+x_{2n})+(z_{21}+z_{22})+(f_{21}^{(a)}+f_{22}^{(a)}+\cdots+f_{2n}^{(a)})\\+(f_{21}^{(b)}+f_{22}^{(b)}+\cdots+f_{2n}^{(b)})+h_2=X_2\\\cdots\\(x_{n1}+x_{n2}+\cdots+x_{nn})+(z_{n1}+z_{n2})+(f_{n1}^{(a)}+f_{n2}^{(a)}+\cdots+f_{nn}^{(a)})\\+(f_{n1}^{(b)}+f_{n2}^{(b)}+\cdots+f_{nn}^{(b)})+h_n=X_n\end{cases}$$

（二）农业能值直接消耗系数表达式

农业能值直接消耗系数用 a_{ij} 表示，其含义是农业 j 部门单位能值总产出中对农业 i 部门产品能值的直接消耗量。其中 $\widehat{X}_j$ 为 j 部门农产品的能值总产出量，农产品能值直接消耗系数的公式为：

$$a_{ij}=\frac{x_{ij}}{\widehat{X}_j} \tag{2-1}$$

将其带入行平衡表达式中可得：

$$\begin{cases}(a_{11}X_1+a_{12}X_2+\cdots+a_{1n}X_n)+(z_{11}+z_{12})+(f_{11}^{(a)}+f_{12}^{(a)}+\cdots+f_{1n}^{(a)}) \\ +(f_{11}^{(b)}+f_{12}^{(b)}+\cdots+f_{1n}^{(b)})+h_1=X_1 \\ (a_{21}X_1+a_{22}X_2+\cdots+a_{2n}X_n)+(z_{21}+z_{22})+(f_{21}^{(a)}+f_{22}^{(a)}+\cdots+f_{2n}^{(a)}) \\ +(f_{21}^{(b)}+f_{22}^{(b)}+\cdots+f_{2n}^{(b)})+h_2=X_2 \\ \cdots \\ (a_{n1}X_1+a_{n2}X_2+\cdots+a_{nn}X_n)+(z_{n1}+z_{n2})+(f_{n1}^{(a)}+f_{n2}^{(a)}+\cdots+f_{nn}^{(a)}) \\ +(f_{n1}^{(b)}+f_{n2}^{(b)}+\cdots+f_{nn}^{(b)})+h_n=X_n\end{cases}$$

即

$$\sum_{j=1}^{n}a_{ij}X_j+Z_i+F_i^{(a)}+F_i^{(b)}+H_i=X_i \tag{2-2}$$

（三）农业能值完全消耗系数表达式

农业能值直接消耗系数反映单位农产品生产过程中对各个农产品的平均能值消耗量，例如，在种植稻谷使用的种子能值量即为稻谷对稻谷的直接能值消耗，同时种植稻谷的时候也消耗了畜工和有机肥，而役畜的饲料中包含着稻谷，其使用的有机肥和畜工也将要分摊一部分稻谷的能值消耗，这就是稻谷的种植对稻谷的间接能值消耗，直接能值消耗加上所有的间接能值消耗就等于完全能值消耗。因此，每一个农产品的生产过程中都将不同程度的对其他农产品有着间接能值消耗。

根据投入产出理论，完全消耗系数矩阵 $\boldsymbol{B}$ 应按照以下公式来计算：

$$\boldsymbol{B}=(\boldsymbol{I}-\boldsymbol{A})^{-1}-\boldsymbol{I} \tag{2-3}$$

在这个公式中，$\boldsymbol{B}$ 为国民经济中所有产品的完全消耗系数矩阵，$\boldsymbol{A}$ 为直接消耗系数矩阵。

在农业能值投入产出模型中，农业直接消耗系数矩阵为 $\boldsymbol{A}$，可用矩阵表示为：

$$\boldsymbol{A}X+Z+F^{(a)}+F^{(b)}+H=X \tag{2-4}$$

有

$$X-\boldsymbol{A}X=Z+F^{(a)}+F^{(b)}+H \tag{2-5}$$

$$(I-\boldsymbol{A})X=Z+F^{(a)}+F^{(b)}+H \tag{2-6}$$

$$X=(I-\boldsymbol{A})^{-1}(Z+F^{(a)}+F^{(b)}+H) \tag{2-7}$$

根据以上运用式，可以由能值总产出测算出农产品最终能值使用额，也可以由农产品能值最终使用额测算出能值总产出。$\boldsymbol{B}^{x}=(\boldsymbol{I}-\boldsymbol{A})^{-1}-\boldsymbol{I}$ 中 $\boldsymbol{B}$ 为农业能值完全消耗系数矩阵，其中的元素 b_{ij}^{x} 为农业 j 部门单位总产出中对于农业 i 部门产品能值的完全消耗量。

六、农业能值投入产出的列模型

将第Ⅰ象限、第Ⅴ象限、第Ⅵ象限对应的列相加，建立农业能值投入产出模型的列模型。

（一）农业能值投入产出模型列平衡关系式

农业能值投入产出模型以实物型投入产出模型为基础，由于使用能值对其中数据进行转换，使得其计量方式得到统一，因此可以获得列平衡的关系表达式，但其总产出和总投入的数据不能够对应相等。

农业能值投入产出模型中的列平衡关系表达式为：

（种植业、畜牧业、林业、渔业）中间产品投入能值＋工业辅助能投入能值＋有机能投入能值＝总投入能值

设：第Ⅰ象限（即农业中间产品投入）的元素能值同样为 x_{ij}，第Ⅴ象限（即工业辅助能）的元素能值为 ∂_{ij}，第Ⅵ象限（即有机能投入）的元素能值为 l_{ij}，总投入的元素能值为 $\hat{X}^{j}$。根据列平衡表达式，有：

$$\begin{cases}(x_{11}+x_{21}+\cdots+x_{n1})+(\partial_{11}+\partial_{21}+\cdots+\partial_{n1})+(l_{11}+l_{21}+\cdots+l_{n1})=X_1\\(x_{12}+x_{22}+\cdots+x_{n2})+(\partial_{12}+\partial_{22}+\cdots+\partial_{n2})+(l_{12}+l_{22}+\cdots+l_{n2})=X_2\\\cdots\\(x_{1n}+x_{2n}+\cdots+x_{nn})+(\partial_{1n}+\partial_{2n}+\cdots+\partial_{nn})+(l_{1n}+l_{2n}+\cdots+l_{nn})=X_n\end{cases}$$

（二）工业辅助能能值直接消耗系数和有机能能值直接消耗系数表达式

工业辅助能能值直接消耗系数用 m_{ij} 表示，其含义是农业 j 部门单位总产出中对工业辅助能 i 部门产品能值的直接消耗量。表达式为：

$$m_{ij}=\frac{\partial_{ij}}{\hat{X}_j} \tag{2-8}$$

有机能能值直接消耗系数用 n_{ij} 表示，其含义是农业 j 部门单位总产出中对有机能 i 部门产品能值的直接消耗量。

$$n_{ij}=\frac{l_{ij}}{\hat{X}_j} \tag{2-9}$$

将其带入列平衡表达式中可得：

$$\begin{cases}(a_{11}X_1+a_{21}X_1+\cdots+a_{n1}X_1)+(m_{11}X_1+m_{21}X_1+\cdots+m_{n1}X_1)\\+(n_{11}X_1+n_{21}X_1+\cdots+n_{n1}X_1)=X_1\\(a_{12}X_2+a_{22}X_2+\cdots+a_{n2}X_2)+(m_{12}X_2+m_{22}X_2+\cdots+m_{n2}X_2)\\+(n_{12}X_2+n_{22}X_2+\cdots+n_{n2}X_2)=X_2\\\cdots\\(a_{1n}X_n+a_{2n}X_n+\cdots+a_{nn}X_n)+(m_{1n}X_n+m_{2n}X_n+\cdots+m_{nn}X_n)\\+(n_{1n}X_n+n_{2n}X_n+\cdots+n_{nn}X_n)=X_n\end{cases}$$

即

$$\sum_{i=1}^{n}a_{ij}X_j+\sum_{i=1}^{n}m_{ij}X_j+\sum_{i=1}^{n}n_{ij}X_j=X_j \tag{2-10}$$

矩阵表示为：

$$\mathbf{A}_cX_j+\mathbf{M}X_j+\mathbf{N}X_j=X_j \tag{2-11}$$

其中，

$$\mathbf{A}_c=\begin{bmatrix}\sum_{i=1}^{n}a_{i1} & & & \\ & \sum_{i=1}^{n}a_{i2} & & \\ & & \cdots & \\ & & & \sum_{i=1}^{n}a_{in}\end{bmatrix}$$

$$\mathbf{M}=\begin{bmatrix}\sum_{i=1}^{n}m_{i1} & & & \\ & \sum_{i=1}^{n}m_{i2} & & \\ & & \cdots & \\ & & & \sum_{i=1}^{n}m_{in}\end{bmatrix}$$

$$\boldsymbol{N}=\begin{bmatrix}\sum_{i=1}^{n}n_{i1} & & & \\ & \sum_{i=1}^{n}n_{i2} & & \\ & & \cdots & \\ & & & \sum_{i=1}^{n}n_{in}\end{bmatrix}$$

（三）工业辅助能能值完全消耗系数和有机能能值完全消耗系数

工业辅助能能值直接消耗系数反映单位农产品生产过程中对各个工业辅助能能值的直接消耗量。例如，在种植稻谷时使用的化肥的能值量即为稻谷对化肥的直接能值消耗，在种植稻谷时消耗了畜工和有机肥，而役畜的饲料中包含着稻谷，其稻谷种植也需要使用到化肥，因此种植稻谷所使用的有机肥和畜工也要分摊一部分化肥的能值消耗，这就是稻谷种植时对化肥的部分间接能值消耗，将所有间接消耗和直接消耗相加就可以得到稻谷对化肥能值的完全消耗量。

同理，有机能能值直接消耗系数反映单位农产品生产过程中对各个有机能能值的直接消耗量，如在稻谷种植时使用了有机肥，这就是种植稻谷对有机肥的直接消耗量，同时在种植稻谷时会产生秸秆。一般来说，谷物自身的秸秆会直接回填，等待其成为肥料，在秸秆生长的过程中，也将使用到部分有机肥，因此秸秆回填再使用于稻谷时，就对有机肥有了部分的间接消耗。将所有间接消耗和直接消耗相加就可以得到稻谷对有机肥能值的完全消耗量。

在不考虑固定资产的情况下，农产品对工业辅助能（或有机能）能值的完全消耗系数可用以下公式计算，以工业辅助能为例：

$$b_{ij}^{m}=m_{ij}+\sum_{S\in E}b_{is}a_{sj}+\sum_{K\in F}b_{ik}a_{kj}\,(i\in F,\ j\in E)\tag{2-12}$$

其中，

E——农产品的集合；

F——工业辅助能的集合。

b_{ij}^{m}——农产品的 j 部门对工业辅助能的 i 部门的能值完全消耗系数。

可将直接消耗系数矩阵和完全消耗系数矩阵分成 4 个模块，即

$$\mathbf{A}=\begin{bmatrix}\mathbf{A}_{11} & \mathbf{A}_{12}\\ \mathbf{A}_{21} & \mathbf{A}_{22}\end{bmatrix}$$

$$\boldsymbol{B}=\begin{bmatrix}\boldsymbol{B}_{11} & \boldsymbol{B}_{12}\\ \boldsymbol{B}_{21} & \boldsymbol{B}_{22}\end{bmatrix}$$

其中，

$\boldsymbol{A}_{11}$——农产品对农产品的能值直接消耗矩阵；

$\boldsymbol{A}_{12}$——工业辅助能对农产品的能值直接消耗系数矩阵；

$\boldsymbol{A}_{21}$——农产品对工业辅助能的直接消耗系数矩阵；

$\boldsymbol{A}_{22}$——工业辅助能之间的能值直接消耗系数矩阵。

$\boldsymbol{B}$ 矩阵划分情况相同，即可将公式变为：

$$\boldsymbol{B}_{21}=\boldsymbol{A}_{21}+\boldsymbol{B}_{21}\boldsymbol{A}_{11}+\boldsymbol{B}_{22}\boldsymbol{A}_{21} \tag{2-13}$$

$$\boldsymbol{B}_{21}(\boldsymbol{I}-\boldsymbol{A}_{11})=\boldsymbol{A}_{21}+\boldsymbol{B}_{22}\boldsymbol{A}_{21}=(\boldsymbol{I}+\boldsymbol{B}_{22})\boldsymbol{A}_{21} \tag{2-14}$$

可得

$$\boldsymbol{B}_{21}=\bar{\boldsymbol{B}}_{22}\boldsymbol{A}_{21}(\boldsymbol{I}-\boldsymbol{A}_{11})^{-1}$$

其中，$\boldsymbol{B}_{21}$——工业辅助能能值完全消耗系数矩阵。

同理也可推出有机能能值完全消耗系数矩阵。

第二节　农业系统能值投入产出分析——以陕西和宁夏的养殖业、种植业的能值投入产出分析为例

基于能值理论，从农业投入产出、生态环境承载力和可持续发展水平三个方面对不同区域的种植业及养殖业进行生态经济系统评价。首先以西南地区的水稻机械化生产为例，分析水稻种植的能量投入与产出状况；其次再以陕西和宁夏为例，将不同区域的养殖业、种植业能量投入产出进行对比，并对其可持续发展能力进行综合分析。

一、农业系统能值投入分析——以水稻机械化生产为例

作为一个典型的人多地少国家，如何养活 14 亿人是我国首要解决的问题。一直以来，政府始终将粮食安全作为不可动摇的基本国策。水稻是中国人民喜爱的主食，故水稻在中国农业生产中始终占据核心地位。所以，不断提高水稻产量对中国乃至世界都意义重大。我国政府已经实施了较为严格的耕地保护政策，废除了延续数千年的农业税并为水稻、玉米和小麦生产者提供丰厚的生产补贴，以机插水稻为核心的水稻全程机械化生产已经成为解决我国农民水稻生

产意愿下滑难题的一剂良药。与半机械化相比，水稻全程机械化生产极高的作业效率与令人兴奋的产量满足了人们对粮食安全的渴求，但机械、燃料、种子等的消耗也在迅速增加，能量投入成倍增长，伴随着高能量投入的是逐步加剧的环境污染问题。考虑到近10年水稻机械化程度的迅速增长，我国现在水稻生产的温室气体排放强度会更大。我国政府已经向世界承诺在2030年实现碳排放达到峰值，作为仅次于化石燃料燃烧的第二大碳排放源，减少作物生产过程的碳排放，尤其是水稻（单位产量碳排放量几乎达到小麦和玉米的2倍）的碳排放至关重要。能量分析过程中的能量输入不仅考虑了生产过程中的能源，如电力或燃料以及嵌入设备和机械中的能源，还要考虑生产农药、化肥等投入物所需的机器和劳动力，而能量输出则兼顾了经济产量和生物产量，可以对农业生产中的能源投入和产出进行准确的整体评价。但目前关于我国水稻机械化生产的能量分析研究比较匮乏，难以为农业节能减排提供参考。

针对我国水稻机械化生产EUE认识不足的问题，有研究人员在四川和重庆开展了相关研究，表明两地水稻机械化程度和农艺水平能够代表我国目前的整体水平，也意味着在该地区开展的研究对中国水稻生产的政策制定和技术革新具有较强的指导价值。

相同生产方式下，四川和重庆两地总能量投入差异表明全程机械化（fully-mechanized mode，FM）和半机械化（semi-mechanized mode，SM）能量投入十分稳定，这与两种模式操作简便密切相关，也是其能够大规模应用的基础。

机械化程度越高，能量投入并不一定越高，这是因为与农艺措施密切相关的肥料、灌溉水等多在总能量投入中占据相当大的比重，如果机械的参与伴随着肥料、灌溉水等的减少，那么机械化程度更高的水稻生产方式完全可能实现更低的能量投入。目前我国水稻机械化生产模式正从三个方面减少总能量投入：其一，将施肥、喷药与插秧同步进行，减少作业次数，降低人力投入、机械和柴油的能量投入；其二，增加农业机械与农艺措施的匹配度，在肥料、化学农药等项目上借助农业机械优化施用方法实现减量投入，如首先利用侧深施肥机实现肥料深施，降低硝化、径流等造成的肥料损失，减少总的肥料施用量，再用与插秧同步的喷药系统比人工喷洒更精准高效，减少了化学农药的施用量；其三，从提高工作效率和经济效益的角度分析，人工生产水稻最需要改进的步骤就是喷洒环节。与SM相比，FM在喷洒环节上有着巨大优势，其追肥和除草剂喷洒由电驱无人机实施，不仅热量转化效率远高于燃油机械，作业效率也远超地面机械和人工操作。

除了与机械紧密相关的优化外，单独的农艺措施改良亦发挥重要作用，这主要体现在灌溉方式的改进。间歇灌溉比淹水灌溉增加的人力投入更少。作为独立的农艺措施，间歇灌溉可以作为水稻生产中减少总能量投入的有效途径。与华中地区的水稻生产相比，本研究的灌溉水投入偏高，即使将更高的产量表现纳入考量，西南地区的水稻生产对水分的利用仍不够高效，这与该地区降水充沛有关，但也意味着 FM 还有继续降低总能量投入的潜力。

Soni 等[①]、Yadav 等[②]和 Quilty 等[③]分别在泰国、印度和菲律宾开展的研究显示，以人工操作为主的水稻生产过程的总能量投入分别为 8000～8400 MJ · ha^{-1}、18041MJ · ha^{-1} 和 12800～22800 MJ · ha^{-1}，低于中国 SM 的总能量投入，机械化收获应该是 SM 的总能量投入更高的重要原因。伊朗[④]和菲律宾[⑤]的机械化程度较高的水稻生产过程的总能量投入平均分别为 42282 MJ · ha^{-1} 和 23100 MJ · ha^{-1}，中国的 FM 远低于伊朗，与菲律宾相当。伊朗作为石油生产大国，燃料上的能源投入远高于中国，直接推高了其总能量投入，泰国的生态强化水稻生产模式虽然总能量投入与我国相当，但产量存在较大差距（大约为5200 kg · ha^{-1} VS 9500 kg · ha^{-1}）。

由于生产条件的巨大差异，不同国家间水稻生产在单个项目上的能量投入比较难以体现出各个生产过程的特点，相似生产条件下的比较更能体现不同技术本身的优缺点。华中地区的 SRIP 主要通过独立的农艺措施改良减少肥料，灌溉水和种子投入以降低能量投入，而本研究的 FM 则更注重发挥机械与农艺融合在减少能量投入上的作用，虽然 SRIP 和 FM 的总能量投入和产量均差异不大，但二者迥异的优化方向代表了实现低总能量投入目标的不同途径。将 SM 与华中地区的 FP 对比可见，前者肥料上的能量投入较少，但灌溉水消耗较多，后者则相反，两种技术模式差异正是稻田水肥耦合效应的体现，即水和肥在一定范围内是互补的，最终两种技术模式实现了相近的总能量投入和产

---

① Soni P，Taewichit C，& Salokhe VM. Energy consumption and CO_2 emissions in rainfed agricultural production systems of Northeast Thailand [J] . Agricultural Systems，2013，116：25—36.

② Yadav G S，Lal R，Meena R S，et al. Energy budgeting for designing sustainable and environmentally clean/safer cropping systems for rainfed rice fallow lands in India [J] . Journal of Cleaner Production，2017，158：29—37.

③ Quilty J R，McKinley J，Pede V O，et al. Energy efficiency of rice production in farmers' fields and intensively cropped research fields in the Philippines [J] . Field Crops Research，2014，168：8—18.

④ Eskandari H，Attar S. Energy comparison of two rice cultivation systems [J] . Renewable and Sustainable Energy Reviews，2015，42：666-671.

⑤ Quilty J R，McKinley J，Pede V O，et al. Energy efficiency of rice production in farmers' fields and intensively cropped research fields in the Philippines [J] . Field Crops Research，2014，168：8—18.

量。综合来看，我国水稻机械化程度的提高虽然带来了生产效率的提升，但其增加的能量投入依然需要农艺措施改良实现的生产资料投入减少来平衡，所以从能量的角度来说，水稻生产技术的发展需要机械与农艺的进一步融合。

二、陕西和宁夏农业系统分析

（一）陕西延安市安塞区农业系统分析

以安塞区种植业、养殖业系统为对象，其中，将种植业中的苹果单独进行比较分析，并利用安塞区统计年鉴资料，以及通过 2018 年调研收集相应的、具体的物资投入和产出数据。同时借助能量计算公式、能量折算系数和太阳能值转换率将各种能量换算成能值，得出其具体能值投入表及产出表进行分析。

1. 农业系统投入

从 1995—2017 年，种植业系统能值投入总量起伏波动上升趋势，养殖业则相反，如图 2-2 所示。1995、2000、2008、2013 和 2017 年，安塞区种植业系统总投入分别为 8.93×10^{19}、8.48×10^{19}、8.67×10^{19}、1.04×10^{20} 和 9.97×10^{19} sej，其中苹果总投入分别为 5.10×10^{19}、5.46×10^{19}、8.08×10^{19}、1.40×10^{20} 和 1.29×10^{20} sej；养殖业系统总投入分别为 3.71×10^{19}、2.68×10^{19}、1.46×10^{19}、2.87×10^{19} 和 2.34×10^{19} sej。苹果、种植业、养殖业投入总量相比 1995 年分别上升了 152.2%、11.8%和－37.0%。1995—2008 年投入总量为种植业＞苹果＞养殖业，2013—2017 年为苹果＞种植业＞养殖业。苹果、种植业、养殖业的年均投入总量分别为 9.10×10^{19}、9.28×10^{19} 和 2.61×10^{19} sej，为种植业＞苹果＞养殖业。

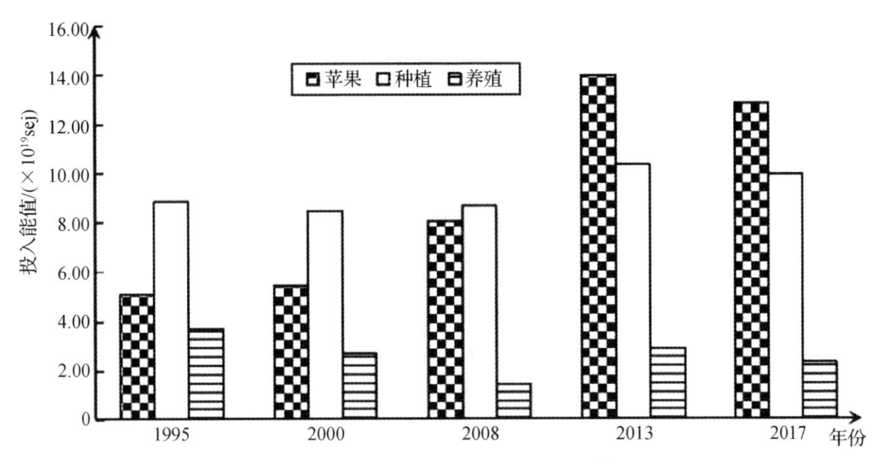

图 2-2　安塞区各产业能值投入①

农业系统投入总量的变化由各组分投入变化引起，各组分比例关系见表 2-3。1995—2000 年安塞区苹果业各类资源投入占比为 $R_F>F>N>R$，2008—2013 年为 $R_F>F>R>N$，至 2017 年转变为 $F>R_F>R>N$。1995—2017 年，苹果生产对 F、R 和 N 投入的依赖性均提高，投入占比分别从 24.7%、7.4%、8.1%增长至 41.7%、12.4%、9.1%；对 T 投入依赖性减弱，投入占比从 59.9%减少至 37.5%，T 投入以劳力为主见表 2-4，表明苹果业现代化增强，对劳力的依赖性减弱。从 1995—2017 年内，F、R、N、R_F 相应的能值投入量分别增长了 3.18、3.23、1.83 和 0.58 倍。F 占比的增加主要原因为苹果业系统的购入资源（防雹网）投入变多，虽然保护和促进了苹果生产，但也使得环境压力增大。

1995—2000 年安塞区种植业各类资源投入占比为 $F>N>R>R_F$，2013 年为 $F>R>R_F>N$，2008、2017 年为 $F>R_F>R>N$。1995—2017 年，养殖业系统生产对 F、R_F 和 N 投入的依赖性减弱，投入占比分别从 50.5%、14.9%、18.2%降低至 49.6%、11.8%、16.3%；对 R 投入依赖性增强，投入占比从 16.5%增长至 22.3%。F、R_F、N 相应的能值投入量分别增长了 50.80%、0.57%、9.82%，R 降低了 11.36%。因为土壤侵蚀强度减弱，N 投入占比下降明显，种植业对土壤的破坏减弱，更有利于其持续发展。

1995—2000 年安塞区养殖业各类资源投入占比为 $F>R_F>N>R$，2008—2017 年为 $F>R>N>R_F$。1995—2017 年，种植业系统生产对 R_F 和

① 张苗. 基于能值的黄土丘陵区农业－环境系统可持续性分析［D］. 西安：西安科技大学，2020.

N 投入的依赖性减弱，投入占比分别从 37.9%和 12.1%降低至 20.1%和 10.0%；对 R 和 F 投入依赖性增强，投入占比分别从 11.0%和 30.0%增长至 13.6%和 56.2%。R、N、F 和 R_F 的能值投入量分别降低了 21.96%、47.96%、9.02%和 66.56%。F 占比的增加主要由机械动力和精饲料投入增加引起，从表 2-4 可看出养殖业系统机械化程度加强，同时需要购入精饲料弥补禁牧带来的饲草不足空缺。维持养殖业生产需要较高的 F 投入，不利于其发展。

1995—2017 年安塞区各产业系统的 R 与 N 投入占比为种植业>养殖业>苹果，表明种植业对自然无偿资源的依赖性最高，环境对系统的支撑力最强；F 投入占比在 2008 年之前为种植业>养殖业>苹果，之后转变为养殖业>种植业>苹果，多年平均占比为种植业（49.6%）>养殖业（49.4%）>苹果（30.9%），F 的投入均以肥料为主导，且肥料投入占比为种植业>苹果>养殖业，化肥的不当使用会对环境造成压力及污染，表明种植业生产形成的环境压力最大；R_F 投入则为苹果>种植业>养殖业，R_F 投入以劳力为主，相应占比为苹果>养殖业>种植业，有机肥投入占比为种植业>养殖业>苹果，表明苹果生产需要耗费劳力最高，生产方式相对落后，且对有机肥的使用率低。

表 2-3　安塞区农业系统投入结构（能值：$\times10^{19}$ sej；占比：%）①

产业	投入	1995		2000		2008		2013		2017		1995—2017 均值	
		能值	占比	能值	占比	能值	占比	能值	占比	能值	占比	能值	占比
苹果业	R	3.8	7.4	3.6	6.5	7.5	9.3	24.7	17.7	15.9	12.4	11.1	10.7
	N	4.1	8.1	4.6	8.4	7.4	9.2	11.8	8.4	11.7	9.1	79.2	8.6
	F	12.6	24.7	14.3	26.2	24.2	30	45.5	32.5	52.7	41	29.9	30.9
	R_F	30.5	59.9	32.2	58.9	41.7	51.5	57.8	41.3	48.2	37.5	42.1	49.8
合计		51.0	100	54.7	100	80.8	100	139.8	100	128.5	100	91.0	100
种植业	R	14.7	16.5	12.6	14.9	15.7	18.1	31.7	30.6	22.2	22.3	19.4	20.5
	N	16.2	18.2	16.2	19.1	15.4	17.8	15.1	14.6	16.3	16.3	15.8	17.2
	F	45	50.5.	45.3	53.4	43.8	50.6	45.5	43.8	49.5	49.6	45.8	49.6
	R_F	13.3.	14.9	10.8	12.7	11.8	13.6	11.4	11	11.8	11.8	11.8	12.8

① 张苗. 基于能值的黄土丘陵区农业－环境系统可持续性分析［D］. 西安：西安科技大学，2020.

续表

产业	投入	1995		2000		2008		2013		2017		1995—2017均值	
		能值	占比	能值	占比	能值	占比	能值	占比	能值	占比	能值	占比
合计		89.2	100	84.9	100	86.7	100	103.7	100	99.8	100	92.8	100
养殖业	R	4.1	11	3.2	11.9	1.97	13.5	6.7	23.2	3.2	13.6	3.8	14.7
	N	4.5	12.1	4.09	15.3	1.94	13.3	3.18	11.1	2.34	10	3.2	12.4
	F	14.5	39	13	48.6	7.65	52.4	1.46	50.8	1.32	56.2	12.6	49.4
	R_F	14.1	37.9	6.5	24.2	3.1	20.8	4.3	14.9	4.7	20.1	6.5	23.6
合计		37.2	100	26.8	100	14.6	100	15.6	100	11.6	100	26.1	100

表 2-4　安塞区农业投入工业辅助能与更新有机能结构（%）①

产业	项目	明细	1995	2000	2008	2013	2017
苹果	F	肥料	86.7	84.8	81.7	71.7	61.9
		农药	5.2	5.0	4.9	4.3	3.7
		反光膜	0.0	0.0	0.3	0.8	1.7
		机械动力	1.3	1.8	3.5	5.4	6.0
		柴油	0.0	0.0	0.0	0.0	0.0
		防雹网	0.0	0.0	0.0	7.8	16.9
		纸袋	6.8	8.3	9.6	9.9	9.7
	R_F	有机肥	0.4	0.4	0.5	0.6	0.7
		种苗	0.0	5.7	4.7	0.0	0.0
		畜力	0.0.	0.0.	0.0	0.0	0.0
		劳力	99.6	93.9	94.8	99.4	99.3

① 张苗. 基于能值的黄土丘陵区农业—环境系统可持续性分析［D］. 西安：西安科技大学，2020.

续表

<table>
<tr><th>产业</th><th>项目</th><th>明细</th><th>1995</th><th>2000</th><th>2008</th><th>2013</th><th>2017</th></tr>
<tr><td rowspan="9">种植</td><td rowspan="5">F</td><td>肥料</td><td>98.5</td><td>98.2</td><td>97.6</td><td>95.5</td><td>95.4</td></tr>
<tr><td>农药</td><td>1.1</td><td>1.1</td><td>1.1</td><td>1.1</td><td>1.1</td></tr>
<tr><td>农用薄膜</td><td>0.2</td><td>0.4</td><td>0.4</td><td>0.7</td><td>0.7</td></tr>
<tr><td>机械动力</td><td>0.1</td><td>0.3</td><td>0.8</td><td>2.6</td><td>2.8</td></tr>
<tr><td>柴油</td><td>0.0</td><td>0.0</td><td>0.0</td><td>0.0</td><td>0.0</td></tr>
<tr><td rowspan="4">R_F</td><td>有机肥</td><td>2.9</td><td>6.2</td><td>7.0</td><td>16.6</td><td>30.7</td></tr>
<tr><td>种子</td><td>0.3</td><td>0.6</td><td>0.7</td><td>1.7</td><td>3.1</td></tr>
<tr><td>劳力</td><td>96.0</td><td>92.5</td><td>91.6</td><td>81.2</td><td>65.8</td></tr>
<tr><td>畜力</td><td>0.8</td><td>0.6</td><td>0.7</td><td>0.5</td><td>0.4</td></tr>
<tr><td rowspan="10">养殖</td><td rowspan="7">F</td><td>肥料</td><td>85.2</td><td>86.5</td><td>70.4</td><td>62.7</td><td>51.6</td></tr>
<tr><td>农药</td><td>1.0</td><td>1.0</td><td>0.8</td><td>0.7</td><td>0.6</td></tr>
<tr><td>农膜</td><td>1.9</td><td>2.0</td><td>1.6</td><td>1.4</td><td>1.2</td></tr>
<tr><td>机械动力</td><td>4.3</td><td>6.3</td><td>10.3</td><td>18.3</td><td>22.5</td></tr>
<tr><td>电力</td><td>0.0</td><td>0.0</td><td>0.0</td><td>0.0</td><td>0.0</td></tr>
<tr><td>精饲料</td><td>7.4</td><td>4.3</td><td>16.9</td><td>16.8</td><td>24.1</td></tr>
<tr><td>医药</td><td>0.1</td><td>0.0</td><td>0.0</td><td>0.0</td><td>0.0</td></tr>
<tr><td rowspan="3">R_F</td><td>有机肥</td><td>0.8</td><td>1.7</td><td>1.7</td><td>2.1</td><td>1.4</td></tr>
<tr><td>种子</td><td>0.8</td><td>1.8</td><td>3.8</td><td>5.5</td><td>3.4</td></tr>
<tr><td>劳力</td><td>98.4</td><td>96.6</td><td>94.5</td><td>92.5</td><td>95.2</td></tr>
</table>

2. 农业系统产出

1995—2017 年安塞区苹果业与种植业系统总产出能值呈起伏上升趋势，养殖业则相反，如图 2-3 所示。1995、2000、2008、2013 和 2017 年安塞区种植业系统总产出分别为 1.62×10^{20}、1.73×10^{20}、3.85×10^{20}、3.70×10^{20} 和 8.20×10^{20} sej，其中苹果总产出分别为 3.49×10^{19}、6.64×10^{19}、8.92×10^{19}、5.09×10^{19} 和 2.97×10^{20} sej；养殖业系统总产出分别为 1.89×10^{20}、2.26×10^{20}、7.87×10^{19}、1.17×10^{20} 和 1.40×10^{20} sej。相比 1995 年，苹果、种植业、养殖业总能值产出分别增加了 7.52、4.07 和－0.26 倍。1995、2000 年总产出能值为养殖业＞种植业＞苹果，2013 为种植业＞养殖业＞苹果，2008 和 2017 年为种植业＞苹果＞养殖业。苹果、种植业、养殖业的年均总能值产出

分别为 1.08×10^{20}、3.82×10^{20} 和 150×10^{20} sej，为种植业>养殖业>苹果。

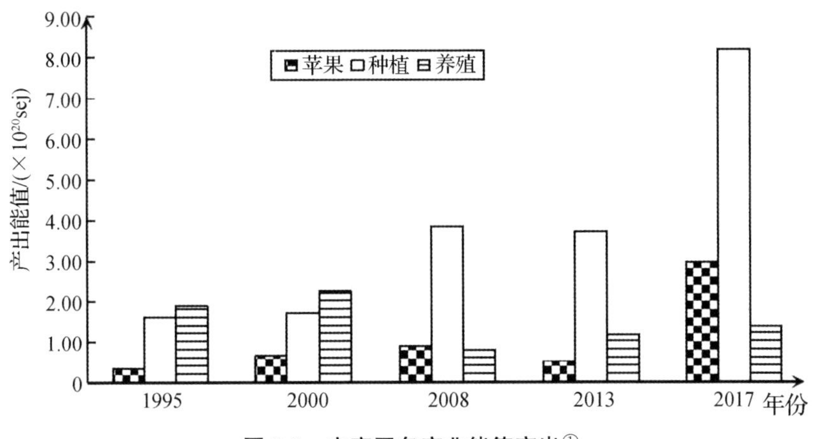

图 2-3　安塞区各产业能值产出[①]

（二）宁夏固原市原州区农业系统分析

以原州区种植业和养殖业系统为对象，利用原州区统计年鉴资料，以及通过 2018 年实地调研收集相应的具体物资投入和产出数据。并借助于能量计算公式、能量折算系数和太阳能值转换率将各种能量换算成能值，得出其具体能值投入表及产出表进行分析。

1. 农业系统投入

1995—2017 年原州区种植业与养殖业系统能值投入总量分别呈起伏波动下降和上升趋势，如图 2-4 所示。1995—2013 年投入总量为种植业>养殖业，之后则相反。1995、2000、2008、2013 和 2017 年原州区种植业系统总投入分别为 2.79×10^{20}、2.67×10^{20}、1.96×10^{20}、2.30×10^{20} 和 1.63×10^{20} sej；养殖业系统总投入分别为 1.28×10^{20}、1.24×10^{20}、1.40×10^{20}、1.70×10^{20} 和 3.53×10^{20} sej。相比 1995 年，种植业投入总量减少了 41.6%，养殖业则增加了 1.77 倍。种植业与养殖业年均投入为 2.27×10^{20} 和 1.83×10^{20} sej，种植业>养殖业。

① 张苗. 基于能值的黄土丘陵区农业—环境系统可持续性分析［D］. 西安：西安科技大学，2020.

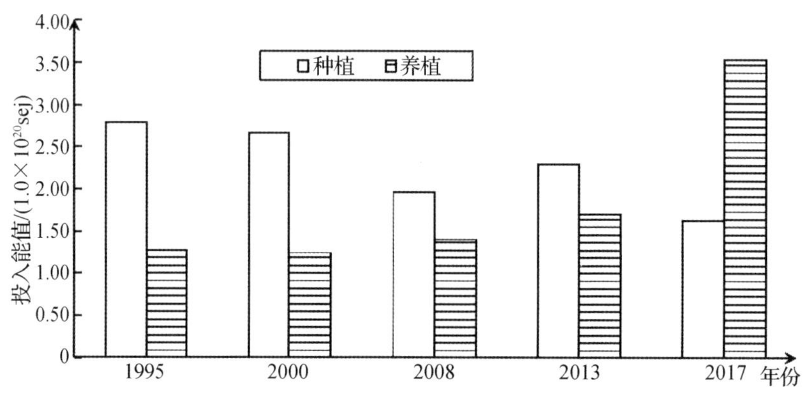

图 2-4 原州区各产业能值投入①

见表 2-5，1995、2000 年原州区种植业各类资源投入占比为 $F>R>R_F>N$，2008 年为 $F>R>N>R_F$。2013、2017 年为 $F>R>R_F>N$。1995—2017 年，种植业系统生产对 F、R_F 和 N 投入的依赖性减弱，投入占比分别由 52.6%、10.2%、8.6%降低至 50.2%、9.1%、8.0%，表明种植业系统生产造成的土壤流失的危害性及对人为经济投入资源的依赖性减弱；R 投入占比则由 28.6%增加至 32.6%。R、N 和 R_F 的投入能值相比 1995 年分别减少了 33.04%、45.42%和 47.72%，F 则增加了 4.62 倍。F 为购入资源，购入资源投入占比的降低不利于系统压力的降低。

1995、2000、2008 和 2017 年原州区养殖业各类资源投入占比为 $F>R>N>R_F$，2013 年 $F>R>R_F>N$。养殖业对 R 和 R_F 投入的依赖性减弱，两者投入占比分别从 28.4%和 9.9%降至 15.3%和 8.7%，相比 1995 年减少了 13.0%和 1.2%，可更新资源投入占比减弱不利于养殖业系统长期持续发展；对 N 和 F 投入的依赖性增强，两者投入占比由 9.0%和 52.7%增加至 10.8%和 65.1%，不可更新资源投入占比的增加不利于系统可持续性。R、N、R_F 和 F 四类资源的投入能值相比 1995 年分别增加了 0.50、2.33、2.42 和 1.43 倍，养殖业系统单位面积投入能值增多。R 投入增加的原因为养殖规模的扩大，F 占比增加的原因为原州区耕地主要集中于平原地带，饲草耕作机械化普及度大幅度提高。N 和 F 均为不可更新资源，养殖业系统对 N、F 依赖性升高，会增加系统对环境形成的压力。

---

① 张苗. 基于能值的黄土丘陵区农业—环境系统可持续性分析［D］. 西安：西安科技大学，2020.

表 2-5　原州区各产业系统投入结构（能值：$\times10^{19}$ sej；占比：%）①

产业	投入	1995		2000		2008		2013		2017		1995—2017均值	
		能值	占比	能值	占比	能值	占比	能值	占比	能值	占比	能值	占比
种植业	R	79.6	28.6	76.7	28.8	53.5	27.3	93.6	40.7	53.3	32.6	71.3	31.6
	N	24	8.6	23.2	8.7	17.6	9	16.4	7.1	13.1	8	18.9	8.3
	F	14.6	52.6	14.1	53.1	108	54.9	101	44.1	82.1	50.2	115.8	51.0
	R_F	28.5	10.2	25.3	9.5	17.5	8.9	18.5	8.1	14.9	100	20.9	9.2
合计		146.7	100	139.3	100	196.6	100	229.5	100	163.4	15.3	226.9	100
养殖业	R	36.2	28.4	30.2	24.3	31.6	22.5	60.9	35.8	54.2	10.8	42.6	25.3
	N	11.5	9.0	24	19.3	29.3	20.9	15.3	9.0	38.3	65.1	23.7	13.8
	F	67.3	52.7	56.2	45.2	56.4	40.2	65.7	38.5	230	8.7	95.1	48.4
	R_F	12.7	9.9	13.8	11.1	22.9	16.3	28.5	16.7	30.7	100	21.7	12.6
合计		127.7	100	124.2	100	140.2	100	170.4	100	353.2	32.6	183.1	100

见表 2-5，1995—2017 年原州区各产业系统的 R 投入占比为种植业＞养殖业，表明种植业系统对自然可更新资源的利用率更高；N 投入占比为养殖业＞种植业，养殖业则由于人工牧草的种植造成更多的水土流失；F 投入占比在 2013 年之前为种植业＞养殖业，之后转变为养殖业＞种植业，多年平均占比为种植业（51.0%）＞养殖业（48.4%）。

两产业工业辅助能 F 的投入均以肥料为主导，见表 2-6，且肥料投入占比为种植业＞养殖业，表明种植业生产形成的环境压力更大；R_F 投入在 1995 年和 2017 年为种植业＞养殖业，其他年份相反，多年平均占比为种植业（9.2%）＜养殖业（12.6%），R_F 投入以劳力为主，相应占比为养殖业＞种植业，养殖业对劳力需求更高。

① 张苗. 基于能值的黄土丘陵区农业－环境系统可持续性分析［D］. 西安：西安科技大学，2020.

表 2-6　原州区各产业工业辅助能与更新有机能投入结构（%）

产业	项目	明细	1995	2000	2008	2013	2017
种植业	F	肥料	98.8	98.7	98.3	96.8	95.2
		农药	1.1	1.1	1.1	1.1	1.1
		农用薄膜	0.1	0.1	0.2	0.5	0.6
		机械动力	0.0	0.1	0.4	1.7	3.2
		柴油	0.0	0	0	0	0
	R_F	有机肥	4.9	5.3	5.8	5.1	5.0
		种子	3.1	5.1	15.9	34.6	45.0
		劳力	90.8	88.4	77.7	59.8	49.5
		畜力	1.3	1.2	0.7	0.5	0.5
养殖业	F	肥料	97.1	89.8	84.2	76.8	78.9
		农药	0.9	0.8	0.6	0.6	0.8
		农膜	0.4	0.7	1.1	1.2	1.7
		动力	0	5.6	7.0	11.2	14.8
		电力	0	0.0	0.0	0.0	0.0
		精饲料	1.5	2.9	6.67	9.6	3.8
		医药	0.1	0.2	0.41	0.5	0.2
	R_F	有机肥	4.9	3.5	2.0	1.7	5.6
		种子	3.1	4.0	2.0	5.2	5.4
		劳力	92.0	92.5	96.0	93.2	89.0

2. 农业系统产出

1995—2017 年原州区种植业和养殖业的系统总产出能值呈起伏上升趋势，如图 2-5 所示。1995、2000、2008、2013 和 2017 年原州区种植业系统总产出分别为 3.70×10^{20}、3.66×10^{20}、7.13×10^{20}、1.21×10^{21} 和 8.73×10^{20} sej；养殖业系统总产出分别为 2.13×10^{20}、2.87×10^{20}、5.98×10^{20}、8.60×10^{20} 和 9.81×10^{20} sej。相比 1995 年，种植业和养殖业总能值产出分别增加了 1.36 和 3.61 倍。1995—2013 年总产出能值为种植>养殖，2017 年为养殖>种植。1995—2017 年原州区种植业和养殖业多年平均产出为 7.06×10^{20} 和 5.88×10^{20} sej，种植业产出更高。

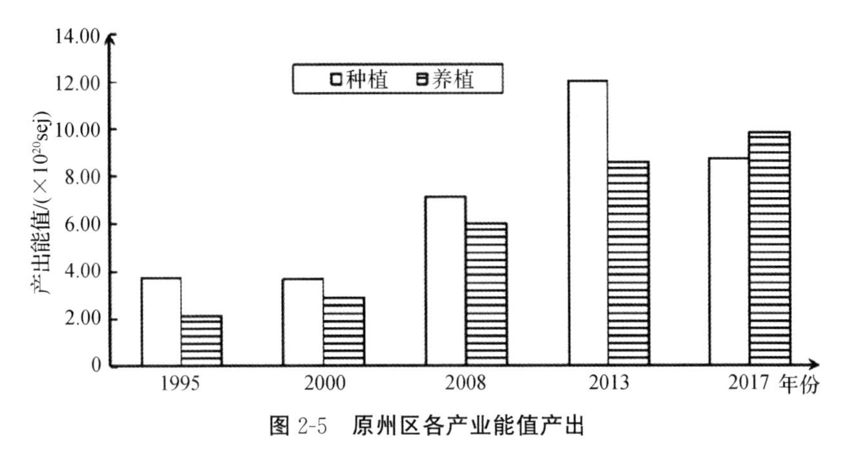

图 2-5　原州区各产业能值产出

三、不同类型区种植业对比分析

（一）投入对比分析

见表 2-7，1995、2000、2008、2013 和 2017 年安塞区和原州区种植业系统可更新资源（R）的投入皆为原州区>安塞区，差距分别为 6.49×10^{19}、6.41×10^{19}、3.78×10^{19}、6.19×10^{19} 和 3.11×10^{19} sej，整体在缩小。这种差距主要是两个原因造成的：一是原州区的种植规模远大于安塞区，二是原州区海拔高于安塞区。同时期内，两区种植系统可更新资源的投入占比也皆为原州区>安塞区，表明原州区种植业对当地自然资源的利用度更高。

表 2-7　1995—2017 年种植业投入对比表（能值：$\times10^{18}$ sej；占比：%）

投入		1995		2000		2008		2013		2017	
		安塞	原州	安塞	原州	安塞	原州	安塞	原州	安塞	原州
R	能值	14.7	79.6	12.6	76.7	15.7	53.5	31.7	93.6	22.2	53.3
R	占比	16.5	28.6	14.9	28.8	18.1	27.3	30.6	40.7	22.3	32.6
N	能值	16.2	24.0	16.2	23.2	15.4	17.6	15.1	16.4	16.3	13.1
N	占比	18.2	8.6	19.1	8.7	17.8	9.0	14.6	7.1	16.3	8.0
F	能值	45.0	146	45.3	141	43.8	108	45.5	101	49.5	82.1
F	占比	50.5	52.6	53.4	53.1	50.6	54.9	43.8	44.1	49.6	50.2
R_F	能值	13.3	28.5	10.8	25.3	11.8	17.5	11.4	18.5	11.8	14.9
R_F	占比	14.9	10.2	12.7	9.5	13.6	8.9	11.0	8.1	11.8	9.1

就自然界的不可更新资源（N）消耗而言，1995、2000、2008 和 2013 年

投入能值均为原州区>安塞区，2017 年为安塞区>原州区，年均投入占比为安塞区>原州区。安塞区的耕地侵蚀模数高于原州区，对当地自然资源中不可更新资源有更大的依赖性，造成的土壤压力也更大。种植业系统多年平均环境投入（$R+N$）占比为原州区（39.9%）略高于安塞区（37.7%），表明原州区种植业系统的自我支撑力更强。

安塞区和原州区种植业系统的工业辅助能投入（F）能值皆为安塞区>原州区，就占比而言研究期内均为原州区≥安塞区。由前面数据分析可知，两区域在 F 投入项中皆以肥料投入为主导，且原州区肥料投入占比（97.6%）略高于安塞区（97.1%），过量的肥料投入会对土壤性能造成负面影响，应适当降低 F 投入中肥料占比。种植业系统多年平均不可更新资源（$N+F$）占比为原州区（59.3%）低于安塞区（66.8%），表明原州区种植业系统对环境造成的压力更小。

安塞区和原州区种植业系统的可更新有机能（R_F）投入能值均为原州区>安塞区，但占比为安塞区>原州区，表明安塞区种植业系统对可更新有机能的依赖性更强。两区域 R_F 投入中皆以劳力投入为主，安塞区劳力投入占比高于原州区，但投入能值小于原州区；安塞区畜力投入能值与占比均高于原州区，表明原州区从事种植业劳力人数多，但是原州区机械化程度更发达，比安塞区种植业对劳力的依赖性更高。

（二）产出对比分析

1995、2000、2008、2013 和 2017 年原州区的种植业产出为 1.62×10^{20}、1.73×10^{20}、3.85×10^{20}、3.70×10^{20}、8.20×10^{20} sej，安塞区的种植业产出能值为 3.70×10^{20}、3.66×10^{20}、7.13×10^{20}、1.21×10^{21} 和 8.73×10^{20} sej，原州区种植业产出均高于安塞区，说明原州区种植业系统的经济效益高于安塞区。

表 2-8　种植业产出能值对比表①

年份 区域	1995		2000		2008		2013		2017	
	安塞	原州	安塞	原州	安塞	原州	安塞	原州	安塞	原州
小麦能值/$\times10^{18}$ sej	6.65	31.00	0.44	19.30	0.14	28.30	0	29.30	0	18.60

① 张苗. 基于能值的黄土丘陵区农业－环境系统可持续性分析［D］. 西安：西安科技大学，2020.

续表

年份 区域	1995		2000		2008		2013		2017	
	安塞	原州	安塞	原州	安塞	原州	安塞	原州	安塞	原州
小麦占比/%	4.12	8.40	0.26	5.30	0.04	4.00	0.00	2.40	0.00	2.10
夏杂粮能值/$\times 10^{17}$ sej	5.23		2.04		2.14		16.20		0	
夏杂粮占比/%	0.32		0.12		0.06		0.44		0.00	
玉米能值/$\times 10^{19}$ sej	1.05		1.65		1.71		3.44		2.35	
玉米占比/%	6.51		9.57		4.43		9.30		2.87	
高粱能值/$\times 10^{17}$ sej	3.57		—		12.80		3.90		11.60	
高粱占比/%	0.22		0.00		0.33		0.11		0.14	
谷子能值/$\times 10^{18}$ sej	2.84		1.42		5.02		3.62		3.76	
谷子占比/%	1.76		0.82		1.30		0.98		0.46	
糜子能值/$\times 10^{18}$ sej	3.33		7.33		2.84		0.12		4.80	
糜子占比/%	2.06		4.25		0.74		0.03		0.59	
豆类能值/$\times 10^{19}$ sej	5.67	7.57	2.80	1.48	9.76	0.90	5.68	1.98	13.50	0.52
豆类占比/%	35.07	20.5	16.25	4.00	25.33	1.30	15.36	1.60	16.49	0.60
薯类能值/$\times 10^{17}$ sej	0.86	4.46	2.69	4.70	2.43	7.00	1.61	7.29	1.91	4.66
薯类占比/%	0.05	0.10	0.16	0.10	0.06	0.10	0.04	0.10	0.02	0.10
秋杂粮能值/$\times 10^{18}$ sej	2.63	21.00	2.23	18.40	4.08	45.70	4.71	54.50	8.42	17.30
秋杂粮占比/%	16.27	56.6	12.93	50.20	10.60	64.10	12.75	45.20	10.27	19.80
油料能值/$\times 10^{19}$ sej	4.34		4.59							
油料占比/%	2.69		2.66							
烟叶能值/$\times 10^{18}$ sej										
烟叶占比/%										
药材能值/$\times 10^{16}$ sej		6.55		65.90		16.80		638.00		546.00
药材占比/%		0.00		0.20		0.00		0.50		0.60
蔬菜能值/$\times 10^{19}$ sej	0.21	1.69	1.05	4.50	9.13	20.70	14.90	57.50	21.40	64.10
蔬菜占比/%	1.27	4.60	6.08	12.30	23.68	29.00	40.37	47.70	26.05	73.40
瓜果能值/$\times 10^{19}$ sej	4.52	3.65	8.10	1.02	1.26	111	7.37	2.91	35.00	2.89
瓜果占比/%	27.99	9.90	46.92	27.90	32.60	1.60	19.92	2.40	42.66	3.30

见表 2-8，两区种植业产出种类差别较大，安塞区产出类别明显多于原州区，安塞区有高粱、谷子、糜子、烟叶等作物。高粱、谷子、糜子、烟叶在安

塞区种植业产出的占比在减少，多年平均占比为0.16%、1.06%、1.53%和1.07%，表明安塞区种植业的产出结构更为丰富。研究期内安塞区种植业主产出由瓜果、豆类（1995—2008）转变为瓜果、蔬菜（2013—2017）；原州区则由油料（1995—2008）转变为蔬菜（2013—2017）。

四、不同类型区养殖业对比分析

（一）投入对比分析

见表2-9，1995、2000、2008、2013和2017年安塞区和原州区养殖业系统可更新资源（R）的投入皆为原州区>安塞区，差距分别为3.21×10^{19}、2.70×10^{19}、2.96×10^{19}、5.43×10^{19}和5.10×10^{19} sej，整体差距在增大。这种差距主要是由于原州区的养殖规模远大于安塞区。两区养殖业系统可更新资源的投入占比也皆为原州区>安塞区，表明原州区养殖业系统生产对自然可更新资源的依赖性更高。

表2-9　1995—2017养殖业系统投入对比表（能值：$\times10^{18}$ sej；占比：%）[①]

投入		1995		2000		2008		2013		2017	
		安塞	原州	安塞	原州	安塞	原州	安塞	原州	安塞	原州
R	能值	0.4	3.6	0.3	3.0	0.2	3.2	0.7	6.1	0.32	5.4
R	占比	11.0	28.4	11.9	24.3	13.5	22.5	23.2	35.8	13.6	15.3
N	能值	0.5	1.2	0.4	2.4	0.2	2.9	0.3	1.5	0.2	3.8
N	占比	12.1	9.0	15.3	19.3	13.3	20.9	11.1	9.0	10.0	10.8
F	能值	1.5	6.7	1.3	5.6	0.8	5.6	1.5	6.6	1.3	23.0
F	占比	39.0	52.7	48.6	45.2	52.4	40.2	50.8	38.5	56.2	65.1
R_F	能值	1.4	1.3	0.7	1.4	0.3	2.3	0.4	2.9	0.5	3.1
R_F	占比	37.9	9.9	24.2	11.1	20.8	16.3	14.9	16.7	20.1	8.7

1995—2017年养殖业自然界的不可更新资源（N）投入能值皆为原州区>安塞区，1995年和2013年投入占比皆为安塞区>原州区，其他年份则相反。原州区养殖业N投入能值更高是由于原州区养殖业规模大且存在大面积人工草地。但安塞区在退耕（1995年）时侵蚀情况严重和2013年降雨量过

① 张苗. 基于能值的黄土丘陵区农业－环境系统可持续性分析［D］. 西安：西安科技大学，2020.

大，故这两个时间点 N 投入占比相对高。多年平均 N 占比为原州区（13.8%）>安塞区（12.4%），表明原州区养殖业系统对土壤造成压力更大，对水土保持的负面影响更大，造成的土壤压力更大。种植业系统多年平均环境投入（$R+N$）占比为原州区（39.1%）略高于安塞区（27.0%），表明原州区养殖业系统对系统环境资源的开发度更高，自我支撑力更强，但产生的环境压力也更大。

工业辅助能（F）投入同为两区养殖业系统的主导投入，安塞区和原州区养殖业系统的工业辅助能投入能值皆为原州区>安塞区。就占比而言，1995年和2017年投入占比皆为安塞区>原州区，其他年份则相反，多年平均占比为安塞区（49.4%）>原州区（48.3%）。表明安塞区养殖业发展对工业辅助能的依赖性更高，形成的环境压力更大，不利于当地生态环境。养殖业系统多年平均不可更新资源（$N+F$）占比为原州区（62.1%）高于安塞区（61.8%），表明安塞区养殖业系统对环境造成的压力更小。

1995—2017年安塞区和原州区养殖业系统的可更新有机能（R_F）投入能值皆为原州区>安塞区，但 R_F 占比除2013年外皆为安塞区>原州区。两区域 R_F 投入中皆以劳力投入为主，且原州区肥料多年平均投入占比（92.5%）小于安塞区（95.2%），安塞区养殖业生产对劳力的依赖性更高，机械化程度相对更低。养殖业系统可更新资源（$R+R_F$）投入占比为原州区（37.8%）低于安塞区（38.2%），表明安塞区养殖业系统的可持续性更强。

（二）产出对比分析

1995、2000、2008、2013和2017年原州区的养殖业产出为 2.13×10^{20}、2.87×10^{20}、5.98×10^{20}、8.60×10^{20} 和 9.81×10^{20} sej，安塞区的养殖业产出能值为 1.89×10^{20}、2.26×10^{20}、7.87×10^{19}、1.17×10^{20} 和 1.40×10^{20} sej，原州区种植业产出均高于安塞区，说明原州区种植业系统的经济效益高于安塞区。

见表2-10，安塞区养殖业产出主要为猪肉、禽蛋、羊肉等，原州区养殖业系统主要产出为牛肉、猪肉、羊肉、禽蛋等，同时安塞区与原州区养殖业产出中分别有小占比蜂蜜和奶类产出。猪肉、羊肉、牛肉和禽蛋在安塞区养殖业产出与原州区养殖业产出中的多年平均占比为58.4%、7.8%、5.6%、16.3%和19.7%、12.8%、31.5%、7.3%。蜂蜜和奶类的多年平均产出能值为 6.52×10^{16} sej 和 9.21×10^{18} sej，表明原州区养殖业的产出结构更为丰富。

表 2-10　养殖业产出能值对比表①

产出	1995		2000		2008		2013		2017	
	安塞	原州	安塞	原州	安塞	原州	安塞	原州	安塞	原州
猪肉能值/$\times10^{20}$ sej	1.26	0.63	1.76	0.84	0.39	1.06	0.60	0.91	0.65	1.13
猪肉占比/%	66.7	29.7	77.7	29.1	49.8	17.8	51.1	10.6	46.4	11.6
羊肉能值/$\times10^{19}$ sej	1.74	1.62	0.96	2.23	0.29	10.30	1.12	13.20	0.17	1.60
羊肉占比/%	9.20	7.60	4.20	7.80	3.70	17.20	9.50	15.30	12.10	16.30
牛肉能值/$\times10^{18}$ sej	6.44	69.20	4.49	65.20	4.90	216.00	9.50	274.00	11.70	335.00
牛肉占比/%	3.40	32.60	2.00	22.70	6.20	36.10	8.10	31.90	8.40	34.20
毛类能值/$\times10^{19}$ sej	1.38	1.83	0.38	1.77	0.16.	3.72	0.58	5.63	0.30	6.34
毛类占比/%	7.30	8.60	1.70	6.20	2.10	6.20	4.90	6.50	2.10	6.50
禽蛋能值/$\times10^{19}$ sej	1.35	1.79	2.02	2.06	1.66	1.67	2.80	5.86	2.84	10.90
禽蛋占比/%	7.20	8.40	8.90	7.20	21.10	2.80	23.80	6.80	20.30	11.10
蜂蜜能值/$\times10^{16}$ sej	7.46		1.52		8.96		14.7			
蜂蜜占比/%	0.00		0.00		0.10		0.10			
禽肉能值/$\times10^{18}$ sej	1.06	1.77	1.99	3.67	2.01	11.80	2.84	20.10	3.58	17.30
禽肉占比/%	0.60	0.80	0.90	1.30	2.60	2.00	2.40	2.30	2.60	1.80
奶类能值/$\times10^{17}$ sej		3.40		4.44		250.00		137.00		66.00
奶类占比/%		0.20		0.20		4.20		1.60		0.70
其他能值/$\times10^{19}$ sej	1.04	2.57	1.03	7.36	1.13	8.27		21.40	1.13	17.50
其他产出占比/%	5.50	12.10	4.50	25.60	14.40	13.80	0.00	24.90	8.10	17.90

通过前面应用能值分析方法对研究区的农业系统能值投入产出进行定量分析，得出如下结论：

（1）1995—2017 年安塞区各产业系统的多年平均总投入能值为种植业>苹果>养殖业，总产出能值为种植业>养殖业>苹果。环境无偿资源（R 与 N）投入占比为种植业>养殖业>苹果，表明种植业对自然无偿资源的依赖性最高，环境对系统的支撑力最强；工业辅助能（F）投入占比多年平均占比为种植业>养殖业>苹果，表明种植业生产形成的环境压力最大；可更新有机能（R_F）投入占比为苹果>养殖业>种植业，表明苹果生产在种植业当中需要耗

① 张苗. 基于能值的黄土丘陵区农业—环境系统可持续性分析［D］. 西安：西安科技大学，2020.

费劳力最高，生产方式相对落后，且对有机肥的使用率低。

（2）1995—2017年原州区多年平均环境投入（$R+N$）占比为种植业（39.9%）略高于养殖业（39.1%），表明原州区种植业系统对内部资源开发度更高，系统自我支撑力更强；多年平均不可更新资源（$N+F$）投入占比为种植业（59.2%）低于养殖业（65.5%），表明原州区种植业系统对环境造成的压力更小。

（3）不同类型区中，原州区种植业系统投入与产出能值均高于安塞区。种植业系统多年平均环境投入（$R+N$）占比为原州区（39.9%）略高于安塞区（37.7%），表明原州区种植业系统对内部资源开发度更高，自我支撑力更强；多年平均不可更新资源（$N+F$）占比为原州区（59.3%）低于安塞区（66.8%），表明原州区种植业系统对环境造成的压力更小。

（4）不同类型区中，原州区养殖业系统投入与产出能值均高于安塞区。养殖业系统多年平均环境投入（$R+N$）占比为原州区（39.1%）略高于安塞区（27.0%），表明原州区养殖业系统对系统环境资源的开发度更高，自我支撑力更强，但由于原州区 N 投入多，造成的土壤损失更多，所以产生的环境压力也更大；可更新资源（$R+R_F$）投入占比为原州区（37.8%）低于安塞区（38.2%），表明安塞区养殖业系统的可持续性更强。

第三章　循环农业能值分析

循环农业是将作物副产物和畜禽粪便等农业废弃物资源化利用再投入农业生产中的发展模式，是一种生态经济同时又符合可持续发展理念的农业生产模式。近年来，许多学者对循环农业的发展内涵及必要性开展深入研究，高旺盛肯定了循环农业在资源利用、节能减排、支撑企业、带动产业和增加收入等方面的重大意义并提出循环农业未来发展的技术研究重点[①]；尹昌斌认为循环农业是将农业种植投入与农业废弃物资源之间进行有效对接实现农产品产出的过程，其本质特征是废弃物资源再利用和产业链条延伸。[②] 目前我国已经形成如牧—沼—粮、猪—沼—菜、牛—沼—果园、猪—沼—茶等多种循环农业模式，国家科技部、农业农村部以及地方政府也都通过政策引导、基金支持和建设示范基地进行循环农业模式的探究。

目前，国内循环农业模式分类基于 4R 原则（减量化原则、再循环原则、再利用原则和可控制化原则），并进一步根据农业生产、经营、服务、地域等不同展开细分。按经营主体可分为政府、龙头企业、农户等模式。按系统界限可分为内外循环两种；内循环指单一产业循环，而外循环则指与农业外的产业相结合并循环。在此依据国内外研究的成果，将专家学者的研究作为参考依据，将其概括为基于农业发展目标类与基于产业空间布局类。前者是以目标为核心，后者则是以区域的空间范围为核心，并对循环农业发展模式加以分类。

---

① 高旺盛．坚持走中国特色的循环农业科技创新之路［J］．农业现代化研究，2010，31（2）：129－133.

② 尹昌斌，周颖．循环农业发展的基本理论及展望［J］．中国生态农业学报，2008，16（6）：1552－1556.

第一节　循环农业基本概念

一、循环农业及其发展模式

循环农业是继生态农业、有机农业和可持续发展农业等各种农业发展模式之后，提出的一种新型农业发展模式。最早在2002年的《循环经济与农业可持续发展》一文中提及；随后出现了两种比较有代表性的观点：一种认为循环农业是多级利用，减轻环境污染的循环农业模式；另一种主张将农业经济活动与生态系统的资源要素视为一个整体，并加以统筹协调。

循环农业涵盖了多个领域，包括多种途径与方法，其运行原理是以农业生态学、生态经济学、系统工程学等为指导，再通过能量的多级流动、物质能量的多次循环及资源的再生利用、产品加工增值、产业链接融合等，遵循公认的3R原则，最终以实现农业生态经济系统产出的效益最大化而对自然资源环境消耗及污染的最小化的新型农业发展模式。

稻—鱼种养结合循环农业模式：利用鱼粪便肥沃稻田，鱼捕食稻田中的害虫等，充分利用它们在自然生长条件下的重合性，采用适当的人为控制，在同一条件下同时产出多种农产品，实现土地资源的充分利用。此模式运用了生物相互作用的机制，以减少化肥和农药使用，达到低污染、高产出的目的。但这种生产模式相对来说比较单一化，循环的环节也比较简单，只是循环农业的初级使用。

（一）深层次农业种养关联模式

其核心是把沼气作为转换的纽带，加之使用食物链的加环技术，把三个系统（养殖业、种植业、加工业）联系在一起，从而在农业系统中实现能量的多级利用、物质的良性循环，以达到优质、高效的目的。主要农业模式有以下几种：猪—沼气—菜地、牛—沼气—果园、牧—沼气—粮食、猪—沼气—茶地。

农村家庭型的循环经济模式：主要以我国北方的“四位一体”生态家园工程为代表（图3-1）。在农户院坝内兴建厕所、猪圈，在温室内兴建沼气池，以养殖业来带动沼气的开发建设，以种植业促进养殖业，把沼气变成生活用能，沼渣作为农作物的肥料，这样就形成了一个资源良性循环的系统。

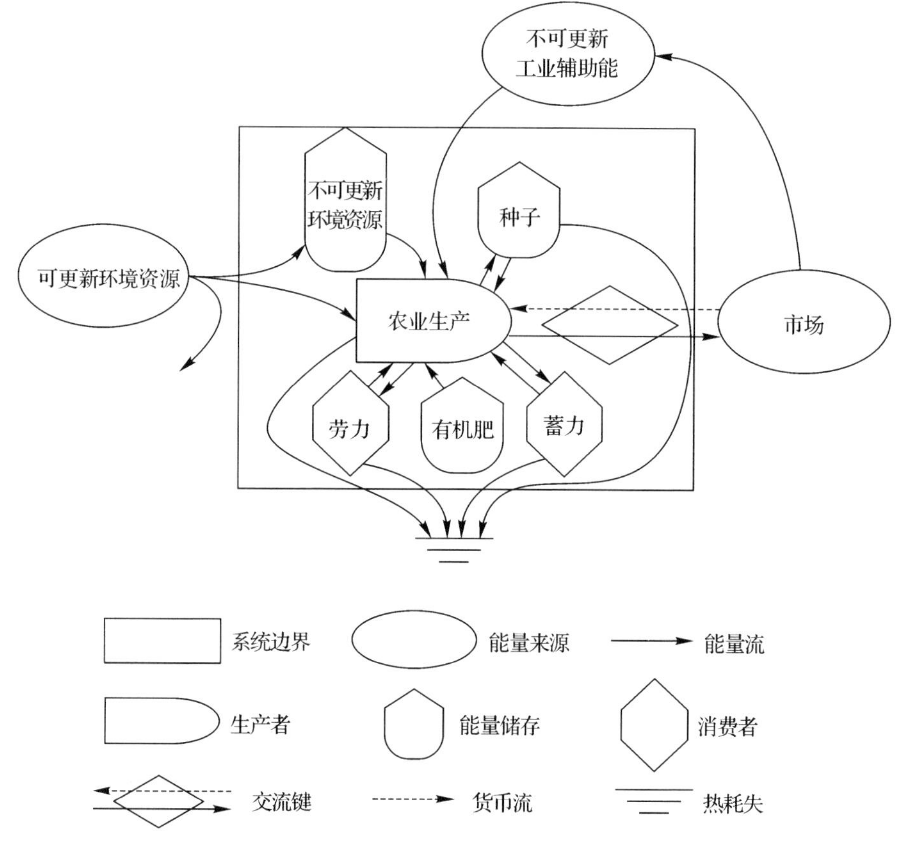

图 3-1　**农村家庭型循环能量系统图**

家庭型循环模式仅存在一个独立系统，由 3 个环节构成，分别是养殖业、种植业、饲料。整个系统有效运行的基础是由各个环节相互连接、相互协作，四位一体，使物质能量相互流转，形成良性循环生态系统。

（二）生态型农业园模式

其核心是在一个园区内，利用农业生产模式之间的链接关系，来实现对能量及物质的闭合循环利用。

根据园区大小合理建设沼气设施，与周围农户签订相关沼渣等处理协议，还可进行土地流转，通过就近开展禽粪消纳等农村模式，即小规模养殖场结合集中供气或结合示范园等。对 50 头猪以上的畜禽大户、养殖场，采用配套建大中型沼气工程和小型沼气工程、化粪池、沼液储存池，每头猪当量畜禽配套种植 0.3 亩粮经作物，就近安装沼液管道开展沼肥利用。

这一模式由 4 个环节构成，分别为养殖业、有机肥、饲料加工、农田生

产。家庭农场通过养殖场畜禽产生的粪便进行堆肥或通过将龙头企业的多余粪污利用管道运输至农场发酵形成有机肥，再灌溉至农田生产。

（三）合作农场型的循环农业模式

其核心是把形成规模的农场作为经营的主体，建立集农业产业化的发展规划、农民就业保障和农村的社会管理等多重功能于一体的现代农业模式，最终形成以种植业（稻田和果园）、养殖业（猪场和羊场）、生态旅游业为一体的优化组合。

以现代农业产业基地为单元系统，开发大规模沼气工程，创建“大型养殖场—大型沼气工程—产业园区”产业园区模式。对200头猪以上当量畜禽养殖场，配套规模化大型沼气工程，生产沼气主要用于养殖场周边农户供气、养殖场圈舍保暖和发电等，生产的沼渣用于商品化有机肥加工，沼液用于养殖场周边的产业园区或者异地消纳，形成循环农业综合利用模式。利用沼气物管站、专业合作社、种养协会等服务体系以产业片区或镇（乡）为区域，推行会员制、股份制、合伙制等多种合作形式，把种、养、加工、产、供、销有机联结，实行托管服务、订单服务、巡回流动小集中服务等，实现共享、共赢效果。

合作农场型循环农业模式的循环路径由“大型养殖场—大型沼气工程—产业园区”组成，主要是基于沼气工程，通过将养殖产生的废弃物发酵转化为沼气与沼肥，再循环利用到种植中，开展循环利用。

（四）区域循环农业模式

其核心是通过企业、基地、农户和农民专业协会等组织形式将散户的农民进行集中管理，扩大生产规模，实行种养关联的生产模式。

该模式首先通过自身对有300头当量的畜禽养殖场进行场内循环，同时对其他大型规模化养殖场、中小型养殖场不能完全就地消纳的畜禽粪污，通过第三方企业参与，市场化操作，建设大型沼气工程、发电工程、有机肥生产厂等，进行县域内循环，建立“养殖场—第三方企业—市场”循环模式。

区域循环农业模式由四个子系统组成，其中子系统包括种植、养殖和沼气工程，其中沼气工程子系统为该循环模式的核心，供种植子系统生产的沼肥和沼气是由养殖子系统中所产生的废弃物经过厌氧发酵形成的，这种模式实现了多级循环利用。

（五）农副产物再利用的发展模式

其核心是利用副产品（秸秆、牛粪等）来进行食用菌的生产，以达到延伸农业生态产业链，实现“农副产物—食用菌—菌糠—肥料—大田作物”的多级利用和良性循环。

（六）循环生态旅游观光的农业模式

其模式是将农村、农业和旅游业三者结合在一起，从而形成的一种新型农业产业的发展模式。他们的特点都是由第一产业向二、三产业的延伸和渗透，同时会为第一、二、三产业的融合提供基础。

二、循环农业评价指标构建

（一）能值指标构建原则

依照循环农业的 3R 指导原则（减量化、再利用、再循环），所选取的指标应尽可能符合区域农业发展的特征，充分体现循环经济的基本内涵。在保证资源环境安全的同时，体现出社会、经济、环境的和谐统一，使其区别于农业可持续发展评价或生态农业评价。

全面性与代表性相结合原则：循环农业系统评价是综合性的、系统性的评价，其指标体系是一个有机整体，不能只列出单项指标评价，且选取的指标应尽可能反映和测度被评价的循环农业的发展情况和特征，让它能够全面充分地反映循环农业经济系统的物质运转和能量运转的状态。同时也应避免指标间的重复，选取具有代表性的典型指标，每类指标应从不同角度反映问题。在一级和二级指标的设计上不宜太具体，要尽量具有普遍的意义，避免选择含义相近或重复的指标。

科学性与可操作性相结合原则：指标体系的构建应基于科学的理论基础上，符合实际情况，所选指标要具有可比性和可测量性，尽可能量化。在保证每项指标可获得性的同时，其本身也要具有明确的含义，若一些指标获取或测定困难，可考虑采取替代指标。

（二）评价指标体系构建依据及说明

循环农业能值指标评价体系构建依据。在梳理国内外能值分析法相关研究

的基础上，结合地方循环农业发展特点，构建循环农业发展评价指标体系。这些能值指标的选取皆以循环农业的特点为中心，遵循能值指标构建原则，具有合理性和科学性。

从减量化（reduce）的角度。循环农业的减量化主要体现为农业资源投入和农业废弃物排放两方面。农业资源投入减量是要在农业生产过程中，从源头控制自然资源和购买性资源的投入量，使两者都要尽可能达到最低使用量。另外，应尽量保证不施用农药化肥，保证农业生态系统的生态效益和实现资源循环利用，也要求多施用有机肥以减少土壤污染；农业废弃物排放减量化是要采用循环技术以降低农业废弃物排放带来的环境污染，使废弃资源变废为宝。减量化要求不仅要保证农业生产效率，而且要注重降低成本。在此选取能值产出率和能值密度这两个能反映农业生产过程中投入强度和水平的指标。

从再利用（reuse）的角度。再利用原则体现在两个方面：一是在农业生产中采用技术手段，使资源投入品多次重复使用，这样既减少废弃物的产生也利用了生产过程产生的副产品；二是通过延长产品使用周期降低能源的消耗，创新产业间的融合方式，不同产业相互交叉与相互渗透，从而提供更多新产品和新服务。农业生态系统中资源循环利用对于系统的可持续至关重要，如秸秆的回收利用、畜禽粪便转化为有机肥等。所以选取能值转换率和能值投资率这两个指标来评价循环系统中的再利用情况。

从再循环（recycling）的角度。循环农业中再循环原则主要针对传统养殖过程中难以处理的畜禽粪便污染问题。循环农业生产以循环经济原理为依据，经过微生物发酵手段，使养殖废弃物重新变成可以利用的资源，发挥应有的作用，变废为宝，化害为利。经过废弃物的再循环转为二次资源，进而继续投入循环农业生产系统中。所以选取可更新率、环境负载率这两个反映系统对环境的压力程度和农业系统生产投入中的可更新资源比例指标。

从可持续（sustainable）的角度。循环农业要求农业生产活动在环境承载能力以内，对资源的开发要节制。在资源再生速度范围内，自然系统可持续是实现可持续发展的前提，农业发展必须合理利用资源，把生态环境安全放到第一位。在此选取能值持续性指数和能值自给率这两个指标。

这里所构建的循环农业发展评价指标体系共分为三层，第一层为目标层，称为循环农业能值指标体系。第二层为分类指标，分为减量化、再利用、再循环、可持续共 4 类指标。第三层由 8 个具体能值指标组成。具体结构如图 3-2 所示。

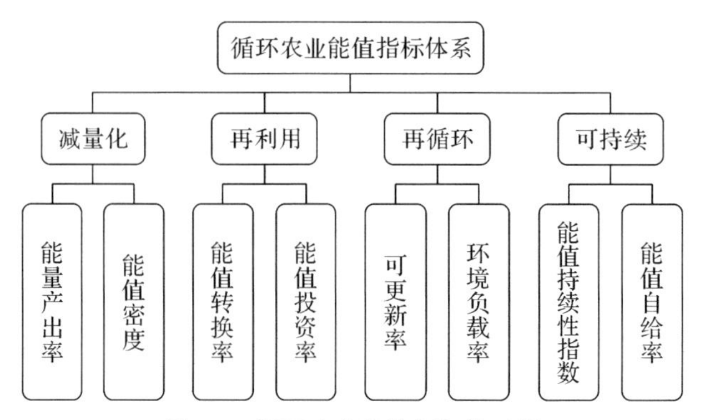

图 3-2　循环农业能值指标体系图

能值各指标及算法公式已在前面章节中做了详细阐述，在此就不再赘述。下面对循环农业各子系统能值的计算进行阐述：

以年（a—1）为单位进行核算。农田面积为 1.33×10^6 m^2，对应的养殖场面积为 11000 m^2。

（1）稻麦农田子系统能值。

太阳能：根据郭媛等对 1960—2007 年间长江流域太阳辐射变化的研究结果①，在此取 50 年来长江流域太阳辐射的最大值 4.42×10^9 $J/m^2/a$，反射率为 20%。种植面积为 1.33×10^6 m^2，种植时间为 11 个月（稻麦两季换茬时间按 15 天计算）。太阳能 $=4.42\times10^9$ $J/m^2/a\times(1-20\%)\times(11/12)\times1.33\times10^6$ $m^2=4.31E+15J$。

降雨能：根据关颖慧研究长江流域年平均降雨量为 1067 mm。② 水密度 $=1000.00$ kg/m^3，吉布斯自由能 $=4940$ J/kg，面积 $=1.33\times10^6$ m^2。降雨能 $=1067$ $mm\times1.33\times10^6$ $m^2\times1000.00$ $kg/m^3\times4940$ $J/kg=7.01E+15J$。

风能：风阻系数 $=0.002$，空气密度 $=1.23$ kg/m^3，风速 $=1.70$ m/s，面积 $=1.33\times10^6$ m^2，时间 $=1.43\times10^7$ s。刮风时间估算如下：以稻麦生长期共 11 个月计算，每天平均风速为 1.70 m/s 的时间为 5 小时，总计：11 月 $\times$ 30 天/月 $\times$ 5 小时/天 $\times$ 3600 s/小时 $=1.43\times10^7$ s。风能的计算公式如下：

$$风能(J)=\frac{风阻系数\times空气密度(kg/m^3)\times面积(m^2)\times(速度)^3(m/s)\times时间(s)}{2}$$

因此，风能 $=0.002\times1.23\times1.33\times10^6\times(1.7)^3\times1.43\times10^7/2=1.15E+11J$。

① 郭媛．近 50 年来（1960—2010）长江流域实际蒸发量变化的时空格局及其影响要素分析［D］．南京：南京信息工程大学，2012.

② 关颖慧．长江流域极端气候变化及其未来趋势预测［D］．杨凌：西北农林科技大学，2015.

耕地：

柴油：33 L/hm^2×133.3 hm^2×0.85 kg/L=3.74E+03 kg

人力：劳工量=0.30 天/hm^2/人/季×2 季×1 人×133.3 hm^2=8.00E+01 天

机械：0.09 kg/hm^2/季×2 季×133.3 hm^2=2.40E+01 kg

整地：

柴油：22.5 L/hm^2×133.3 hm^2×0.85 kg/L=2.55E+03 kg

人力：0.10 天/hm^2/人/季×2 季×1 人×133.3 hm^2=2.66E+01 天

机械：6.50E+01 kg

设备费：（机械按使用 10 年计算）秧盘折旧 3000 元+条播机折旧 23000 元+打捆机折旧 2500 元+收割机折旧 4000 元+条播机机械折旧 89852 元+抛肥机械成本：18000 元+燃料成本 102000 元+基质成本 120000 元+网 20400 元+膜 95200 元+灭茬、播种、开沟成本 120000 元=5.17E+05 元。

施肥：

有机肥：2000 亩×1 吨/亩=200 吨=2.00E+05 kg

化肥用量：30 kg/亩×2000 亩=6.00E+04 kg

机械重量：910 kg=9.10E+02 kg

水稻柴油：1.5 L/亩×2000 亩=3000 L×0.85 kg/L=2550 kg

小麦柴油：0.17 L/亩×2000 亩=340 L×0.85 kg/L=289 kg

柴油：小麦+水稻=2.84E+03kg

人力：有机肥分堆倒入农田后由人工撒施。每人每天撒施 40 亩，稻麦两季共需人工 134 天。

灌溉：

灌溉量：水稻田需要保持 5 cm 水层，需水量 133.3 hm^2×10000 m^2/hm^2×0.05 m=6.67E+04 m^3。

电力：耗电量=1.23×10^3 kW·h/hm^2×133.3 hm^2=1.64E+05 kW·h。

防虫：

人力：劳动量=0.25 天/hm^2/人次×3 人次=0.75 天/hm^2。

0.75 天/hm^2×133.3 hm^2=1.00E+02 天

水稻植保治病防虫：

治病防虫（吡蚜酮）总量 40 g+（苯甲丙环唑）总量 50 g+（烯啶米胺）总量 20 g+（阿维菌素）总量 80 g+（噻呋戊唑醇）总量 50 g+（井岗蛇床素）总量 100 g+（吡蚜酮）总量 40 g+（甲维茚虫威）总量 20 g+（井岗三

环唑）160 g＋（井岗蛇床素）总量 100 g＋（吡蚜酮）总量 40 g＋（早维茆虫威）总量 20 g＋（欧博）总量 100 g＝820 g

小麦植保治病防虫：

（氰烯戊唑）总量 100 g＋（吡虫啉）总量 20000 g＋（吡虫啉）总量 160 g＝20260 g

农药：水稻＋小麦＝2.11E＋01 kg

柴油：耗油量 15 kg/hm^2×133.3 hm^2＝2.00E＋03 kg

播种：

小麦种子用量：12.5 kg/亩×2000 亩＝25000 kg

水稻种子总量：56.25 kg/hm^2×133.3 hm^2＝7498 kg

总用量：小麦＋水稻＝3.25E＋04 kg/L

小麦柴油：34 L/hm^2×133.3 hm^2×0.85 kg/L＝3857 kg

水稻柴油：7.95 L/hm^2×133.3 hm^2×0.85 kg/L＝901 kg

柴油：小麦＋水稻＝4.76E＋03 kg

人力：劳动量＝育秧＋水稻移栽＋小麦撒播。育秧劳动量＝3.75 天/hm^2/人×1 人＝3.75 天/hm^2；水稻移栽劳动量＝送苗 1 天/hm^2/人×1 人＋田间劳作 1 天/hm^2/人×5 人＝5 天/hm^2；小麦撒播劳动量＝0.15 天/hm^2/人×1 人＝0.15 天/hm^2。共计劳动量＝3.75 天/hm^2＋5 天/hm^2＋0.15 天/hm^2＝8.9 天/hm^2。8.9 天/hm^2×133.3 hm^2＝1.19E＋03 天。

条播机重量：880 kg/台×10 台＝8.80E＋03 kg

收割：

柴油：耗油量＝18.75 kg/hm^2×2（稻麦两季）＝37 kg/hm^2。37 kg/hm^2×133.3 hm^2＝4.93E＋03 kg。

收割机：机械量＝0.195 kg/hm^2×2（稻麦两季）＝0.39 kg/hm^2。依据：1 台久保田联合收割机重量为 3890 kg，使用寿命为 10 年，每年可以收获 2000 hm^2。那么，每公顷的机械投入量即为 3890 kg/（2000 hm^2×10 年）＝0.195 kg/hm^2。0.39 kg/hm^2×133.3 hm^2＝5.20E＋01 kg。

人工：劳工量＝0.30 天/hm^2×2（稻麦两季）＝0.60 天/hm^2。0.60 天/hm^2×133.3 hm^2＝8.00E＋01 天。

秸秆打捆：

机械总重量＝搂草机重量＋打捆机重量＋包膜机重量＝0.8 吨＋4.4 吨＋1.5 吨＝6.7 吨＝6.70E＋03 kg

耗油量＝搂草＋打捆＋包膜＝（0.55 斤/捆＋1.45 斤/捆＋0.9 斤/捆）×

3400 捆=9860 斤=4.93E+03 kg。

人力：18.8 天/hm^2×133.3 hm^2=2.51E+03 天。

产出：

籽粒：产量=（550+349）×15=13485 kg/hm^2。依据：水稻产量 550 kg/亩；小麦产量为 349 kg/亩。13485 kg/hm^2×133.3 hm^2=1.80E+06 kg。

秸秆：899 kg/亩×15 亩/hm^2×133.3 hm^2=1.80E+06 kg。

（2）养殖子系统能值计算。

环境资源：

太阳能：太阳辐射=5.06×109 J/m^2/year，反射率=20.0%，面积=1.10 hm^2。太阳能（J）=5.06×109 J/m^2/year×（1-20.0%）×1.10 hm^2=4.45E+09 J。

风能：风阻系数=0.002，空气密度=1.23 kg/m^3，风速=1.70 m/s，面积=11000 m^2，时间=1.43×10^7 s。刮风时间估算如下：以稻麦生长期共 11 个月计算，每天平均风速为 1.70 m/s 的时间为 5 小时，总计：11 月×30 天/月×5 小时/天×3600 s/小时=1.43×10^7 s。风能的计算公式如下：

$$\text{风能（J）}=\frac{\text{风阻系数}\times\text{空气密度（kg/m}^3\text{）}\times\text{面积（m}^2\text{）}\times(\text{速度})^3\times\text{（m/s）}\times\text{时间（s）}}{2}$$

因此，风能=0.002×1.23×11000×（1.7）^{3}×1.43×10^7/2=9.51E+08 J。

饲养管理：

电力：6.00E+04 kW·h

人力：7.50E+02 day

饮用水：8.00E+06 kg

饲料：（年消耗量东林自产）2.50E+06 kg

医疗防疫投入：3.71E+02 元

运输（饲料运输+羊粪运输）：

柴油：（1500 L+1200 L）×0.85 kg/L=2.30E+03 kg

人力：340+320=6.60E+02 day

产出：

肉羊：1.35E+05 kg

羊粪：2.00E+06 kg

（3）堆肥系统能值计算。

堆肥厂面积3400 m^2。羊场年产羊粪2000吨。基础设施建设投入1800000元，基础设备使用年限15年。柴油密度即为0.85 kg/L。共产生有机肥4000吨。在堆肥过程中，需要施用堆翻机翻压。堆翻机投入成本500000元，使用年限10年。

羊粪投入：2.00E+06 kg

秸秆投入：3.00E+06 kg

堆翻机耗油：运输+装载+翻压=11000 L×0.85 kg/L=9.35E+03 kg

人力：装载+运输+翻压+管理=2.32E+02 天/人

产出有机肥：4.00E+06 kg

(4) 饲料厂。

外购豆渣：1.10E+06 kg

秸秆量：(东林村农场秸秆+外购秸秆)=2500000 kg+10000000 kg=1.25E+07 kg

产出：

饲料：1.80E+07 kg

第二节　不同循环农业模式的能值评价——以河南和江苏循环农业模式为例

一、系统边界划分及能量流图分析

能值评价的系统边界以河南中原经济区“冬小麦—夏玉米”复种生产系统、江苏太仓市东林合作农场草—羊—田单一循环模式为例进行分析对比，从生态链的复杂性来说，对草—羊—田循环农业系统的能值进行分析相对单一。传统农业（CK）生产模式能量流如图3-3所示，农田（NT）循环模式能量流如图3-4所示，农菌（NJ）和农牧（NM）循环模式能量流如图3-5所示。在图中，太阳、风、雨水为系统投入的环境资源，其中太阳和风为可更新的环境资源，灌溉水为不可更新的环境资源；种子、劳力、有机物料为系统投入可更新的有机能；秸秆为投入的系统反馈能；化肥、农药、柴油、农机、电力为系统投入的不可更新工业辅助能。

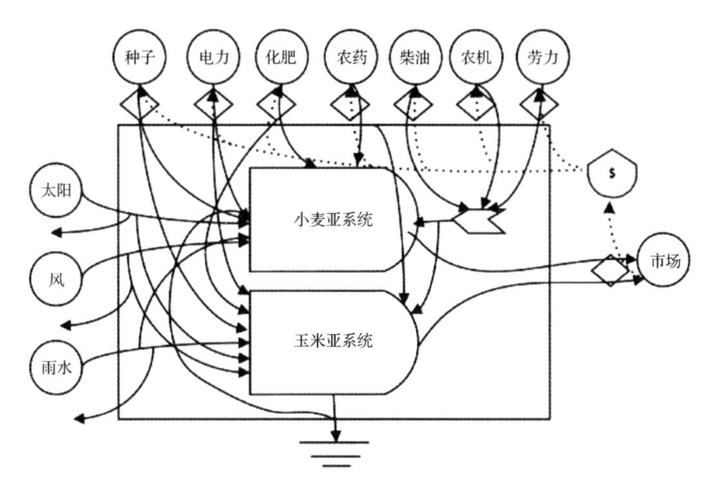

图 3-3　传统农业生产模式农田生态系统能量流图

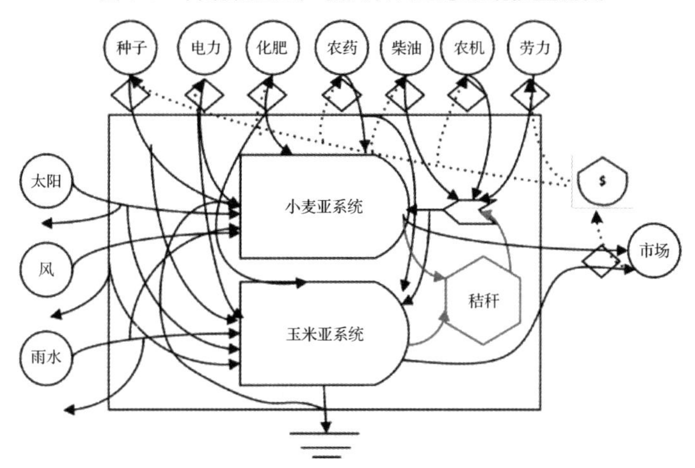

图 3-4　农田循环模式农田生态系统能量流图

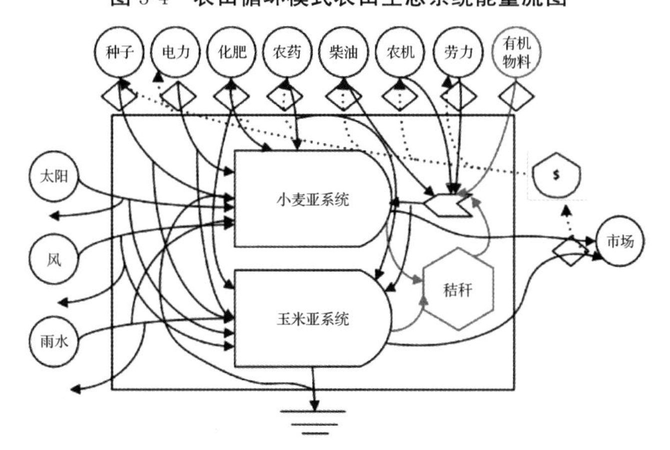

图 3-5　农牧、农菌循环模式农田生态系统能量流图

注：有机物料在农牧循环模式中为牛粪，在农菌循环模式中为菌渣。

江苏太仓市东林羊场的存栏量为3000头，每年2茬，即年出栏量为6000头，每头羊的生命周期为6个月。1头羊年产粪便量0.73吨。粪便输送至堆肥场，进行商品有机肥生产。沼渣和有机肥作为基肥施入大田。大田作物秸秆进行部分还田处理，部分腐熟制作有机肥。稻草直接送至饲料厂用作羊场饲料。

二、原始数据的收集整理

河南中原经济区是通过农田试验及调研获取数据计算投入各农业模式的能量。其中小麦种子、玉米种子、小麦秸秆、玉米秸秆、菌渣、牛粪、小麦籽粒、玉米籽粒通过两年农田试验获取数据，灌溉水量、柴油和电力通过实地调研获取数据，劳力通过试验记录获取数据。

不同农业模式能值投入、产出的原始数据见表3-1。

表3-1 不同农业模式能值投入、产出的原始数据①

项目	单位	折能系数/（J/unit[1]）	原始数据			
			传统农业	农田循环	农牧循环	农菌循环
投入	—	—	—	—	—	—
小麦种子	kg	1.57×10^{7}	2.94×10^{9}	2.94×10^{9}	2.94×10^{9}	2.94×10^{9}
玉米种子	kg	1.65×10^{7}	4.46×10^{8}	4.46×10^{8}	4.46×10^{8}	4.46×10^{8}
小麦秸秆	kg	1.37×10^{7}	0.00	2.19×10^{11}	1.78×10^{11}	1.89×10^{11}
玉米秸秆	kg	1.44×10^{7}	0.00	1.24×10^{11}	1.18×10^{11}	1.44×10^{11}
灌溉水	m^3	4.93×10^{6}	6.66×10^{9}	3.33×10^{9}	3.33×10^{9}	3.33×10^{9}
柴油	kg	4.80×10^{6}	5.14×10^{8}	5.14×10^{8}	5.14×10^{8}	5.14×10^{8}
电力	kW·h	3.60×10^{6}	6.48×10^{9}	3.24×10^{9}	3.24×10^{9}	3.24×10^{9}
劳力	人·d	1.26×10^{7}	1.64×10^{8}	1.39×10^{8}	1.51×10^{8}	1.51×10^{8}
菌渣	kg	1.63×10^{7}	0.00	0.00	0.00	1.19×10^{9}
牛粪	kg	1.35×10^{7}	0.00	0.00	5.08×10^{8}	0.00
产出	—	—	—	—	—	—

① 王敬婼．中原经济区不同农业循环模式下农田系统的能值和生命周期评价［D］．新乡：河南师范大学，2017.

续表

项目	单位	折能系数 /（J/unit[1]）	原始数据			
			传统农业	农田循环	农牧循环	农菌循环
小麦籽粒	kg	1.57×10^{7}	1.54×10^{11}	1.57×10^{11}	1.62×10^{11}	1.52×10^{11}
玉米籽粒	kg	1.65×10^{7}	1.90×10^{11}	1.94×10^{11}	2.06×10^{11}	1.97×10^{11}
小麦秸秆	kg	1.37×10^{7}	2.05×10^{11}	2.19×10^{11}	1.78×10^{11}	1.89×10^{11}
玉米秸秆	kg	1.44×10^{7}	1.57×10^{11}	1.65×10^{11}	2.08×10^{11}	1.77×10^{11}

自然资源能量的计算公式如下：

太阳能（J/year）＝太阳光平均辐射量（J/m^2）×面积（m^2）

风能（J/year）＝高度（m）×空气密度（kg/m^3）×风速梯度（s^{-1}）×涡流扩散系数（m^2/s）×面积（m^2）

雨水势能（J/year）＝面积（m^2）×平均海拔（m）×平均降雨量（m/a）×雨水密度（kg/m^3）×重力加速度（m/s^2）

表层土损耗能（J/a）＝面积（m^2）×土壤侵蚀率（$g/m^2\cdot a$）×单位质量土壤的有机质含量（%）×有机质能量（J/g）

上述公式中，通常高度取 1000 m，空气密度取 12.9 kg/m^3，涡流扩散系数取 12.95 m^2/s，风速梯度变化率取 3.93×10^{-3} s^{-1}；雨水密度取 10^3 kg/m^3，重力加速度取 9.80 m/s^2；土壤侵蚀率取 250 $g/m^2/a$，有机质能量取 2.26×10^4 J/g。

而江苏太仓市东林合作农场则是先核算输入输出变量。以年（a—1）为单位进行核算。农田面积为 1.33×106 m^2，对应的养殖场面积为 104.2 m^2。农田生产管理以当地常规方式进行：小麦品种是“杨麦 16”，水稻品种是“苏香粳 100”。小麦季防病治虫喷施农药两次，水稻季喷农药 4 次。施肥和除虫防草均以人工撒施。稻麦收割采取久保田联合收割机进行。羊粪运输至堆肥场所生产有机肥。堆肥过程需人工管理。堆沤腐熟完成的有机肥需要运输至农田，并均匀撒施至田间。因此，依据生命周期法（Life Cycle Assessment，LCA）的要求，构建该系统的生命周期能量核算清单，见表 3-2。

表 3-2 草—羊—田循环系统生命周期能量核算清单①

子系统	生命阶段	项目	原始值	单位	折能系数	能量（J）
养殖系统	环境资源	太阳能	4.45E+09	J	1.00E+00	4.45E+09
		风能	9.51E+08	J	1.00E+00	9.51E+08
		电力	6.00E+04	kW·h	3.60E+06	2.16E+11
	饲养管理	人力	7.50E+02	day	1.26E+07	9.45E+09
		饮用水	8.00E+06	kg	4.94E+03	3.59E+10
	饲料	稻草	2.50E+06	kg	1.63E+07	4.08E+13
	医疗	防疫	3.71E+02	kg	1.02E+05	3.78E+07.
	柴油	柴油	2.30E+03	kg	4.40E+07	1.01E+11
		人力	6.60E+02	day	1.26E+07	8.32E+10
	产出	肉羊	1.35E+05	kg	2.03E+07	2.74E+12
		羊粪	2.00E+06	kg	1.35E+07	2.70E+13
堆肥系统	投入	羊粪	2.00E+06	kg	1.35E+07	2.70E+13
		秸秆	3.00E+06	kg	1.45E+07	4.35E+13
		柴油	9.35E+03	kg	4.40E+07	4.11E+11
		人力	2.32E+02	day	1.26E+07	2.92E+09
	产出	有机肥	4.00E+02	kg	1.35E+07	5.40E+13
饲料厂	投入	外购豆渣	1.10E+06	kg	1.00E+07	1.10E+13
		秸秆	1.25E+07	kg	1.45E+07	1.81E+14
	产出	饲料	1.80E+07	kg	1.63E+07	2.93E+14

① 董佳．基于能值分析的循环农业评价研究——以江苏太仓东林合作农场为例［D］．南京：南京农业大学，2018.

续表

子系统	生命阶段	项目	原始值	单位	折能系数	能量（J）
稻麦农田系统	环境资源	太阳能	4.31E+15	J	1.00E+00	4.31E+15
		降雨能	7.01E+15	J	1.00E+00	7.01E+15
		风能	1.15E+11	J	1.00E+00	1.15E+11
	耕地	柴油	3.74E+03	kg	4.40E+07	1.65E+10
		人力	8.00E+01	day	1.26E+07	1.01E+09
		机械	2.40E+01	kg	2.10E+08	5.04E+09
	整地	柴油	2.55E+03	kg	440E+07	1.12E+11
		人力	266E+01	day	1.26E+07	3.35E+08
		机械	6.50E+01	kg	2.10E+08	1.37E+10
	施肥	有机肥	2.00E+05	kg	1.35E+07	2.70E+12
		化肥	6.00E+04	kg	9.10E+07	5.46E+12
		机械	9.10E+02	kg	2.10E+08	1.91E+11
		柴油	2.84E+03	kg	4.40E+07	1.25E+11
		人力	1.34E+02	day	1.26E+07	1.69E+09
	灌溉	用水	6.67E+04	m^3	4.94E+03	1.29E+08
		电力	1.64E+05	kwh	3.60E+06	5.90E+11
	防虫	人力	1.00E+02	day	1.26E+07	1.26E+09
		农药	2.11E+01	kg	1.02E+05	2.15E+06.
		柴油	2.00E+03	kg	4.40E+07	8.80E+10
	播种	种子	3.25E+04	kg	1.63E+07	5.29E+11
		柴油	4.76E+03	kg	4.40E+07	2.09E+11
		人力	1.19E+03	day	1.26E+07	1.50E+10
		机械	8.80E+03	kg	2.10E+08	1.85E+12
	收割	柴油	4.93E+03	kg	4.40E+07	2.17E+11
		机械	5.20E+01	kg	2.10E+08	1.09E+10
		人力	8.00E+01	day	1.26E+07	1.01E+09
	秸秆打捆	机械	6.70E+03	kg	2.10E+08	1.41E+12
		耗油	4.93E+03	kg	4.40E+07	2.17E+11
		人力	2.51E+03	day	1.26E+07	3.16E+10
	产出	籽粒	1.80E+06	kg	1.60E+07	2.88E+13
		秸秆	1.80E+06	kg	1.45E+07	2.61E+13

根据表 3-2 生命周期各阶段的能量投入与输出，绘制详细能量流如图 3-6 所示。

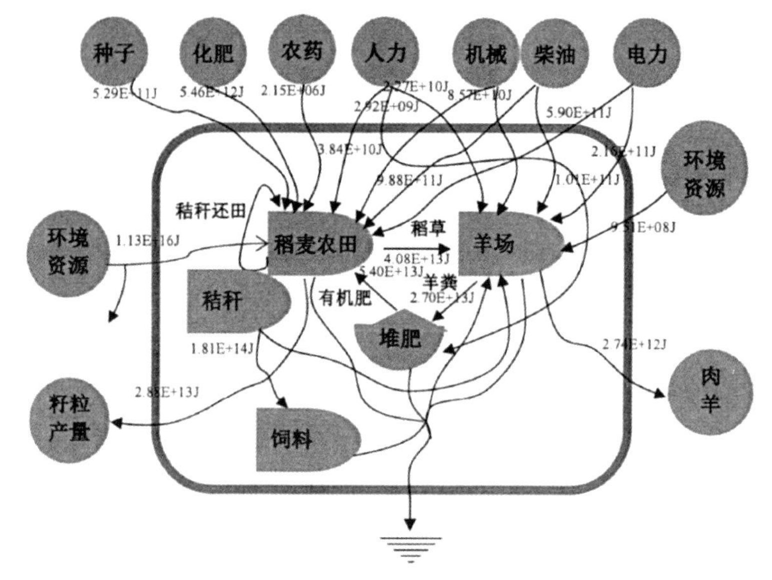

图 3-6 草—羊—田循环系统能量流图

养殖子系统：自然资源输入总能量为 5.40E+09J，饲养管理输入总能量为 2.61E+11J，饲料输入总能量为 4.08E+13J，医疗输入总能量为 3.78E+07J，运输输入总能量为 1.84E+11J，肉羊输出总能量为 2.74E+12J，羊粪输出总能量为 2.70E+13J。

堆肥子系统：羊粪输入总能量为 2.70E+13J，秸秆输入总能量为 4.35E+13J，柴油输入总能量为 4.11E+11J，人力输出总能量为 2.92E+09J，有机肥输出总能量为 5.40E+13J。

饲料厂系统：豆渣输入总能量为 1.10E+13J，秸秆输入总能量为 1.84E+14，饲料输出总能量为 2.93E+14J。

稻麦农田子系统：环境资源输入总能量为 1.13E+16J，耕地输入总能量为 2.26E+10J，整地输入总能量为 1.26E+11J，施肥输入总能量为 8.48E+12J，灌溉输入总能量为 3.86E+08J，治病防虫输入总能量为 8.93E+10J，播种输入总能量为 2.60E+12J，收割输入总能量为 2.29E+11J，秸秆打捆输入总能量为 1.39E+12J，系统籽粒输出总能量为 2.88E+13J，秸秆输出总能量为 2.61E+13J。

整体系统：自然资源输入总能量为 1.13E+16J，种子输入总能量为 5.29E+11J，电力输入总能量为 8.06E+11J，化肥输入总能量为 5.46E+12J，农药输入总能量为 2.15E+06J，机械输入总能量为 8.57E+13J，柴油输入总能量为 1.50E+12J，人力输入总能量为 1.34E+11J，秸秆输出总能量为

2.61E＋13J，籽粒输出总能量为 2.88E＋13J，肉羊输出总能量为 2.74E＋12J，羊粪输出总能量为 2.70E＋13J，饲料输出总能量为 2.93E＋14J，有机肥输出总能量为 5.40E＋13J。

三、不同循环农业模式的能值投入结构

根据农业系统能量投入的原始数据，乘上不同资源的太阳能值转换率将不同单位的能量折算为统一单位太阳能值，见表 3-3。系统能值投入结构由可更新环境资源、不可更新环境资源、不可更新工业辅助能、购买的可更新有机能和系统反馈能 5 个部分组成。其中，太阳、风、雨水属于环境资源，不可更新工业辅助能和可更新有机能属于人类经济系统投入的购买能值，系统反馈能属于农业系统内部的能量循环。从表 3-3 可知，传统农业生产模式、农田循环模式、农牧循环模式、农菌循环模式农田系统的总能值投入分别为 5.24×10^{16} sej/ha、5.00×10^{16} sej/ha、5.22×10^{16} sej/ha、5.13×10^{16} sej/ha，三种循环农业模式的总能值投入均低于传统农业。由此可见，减施氮肥和农药从一定程度上减少了能值的投入，而农田循环模式由于没有添加有机物料，则投入能值最低。从投入资源的获取方式来看，传统农业生产模式、农田循环模式、农牧循环模式、农菌循环模式投入的购买资源占系统总能值投入的比例分别为 90.91％、90.48％、90.71％、90.87％，环境资源占系统总能值投入的比例分别为 9.09％、9.52％、9.29％、9.13％。由此可看出，四种农业生产模式均依赖人类经济系统投入的购买能值，这与现今农业发展更多受人类调控的特点相符，其中三种循环农业模式由于增加了系统反馈能的投入，实现了农业生态系统自身废弃物循环再利用，减少了农业生产对系统外购买能值投入的过度依赖，改善了能值投入结构。对比三种循环农业模式，农田循环模式对人类经济系统投入的购买能值最低，其次为农牧循环模式，农菌循环模式则相对较高。虽然农牧和农菌循环模式比农田循环模式多减投了 5％的氮肥，但由于投入的牛粪和菌渣也属于人类经济系统投入的购买能值，这导致农牧和农菌循环模式的人类经济系统投入的购买能值较农田循环模式高，农田菌渣的能值要高于牛粪。

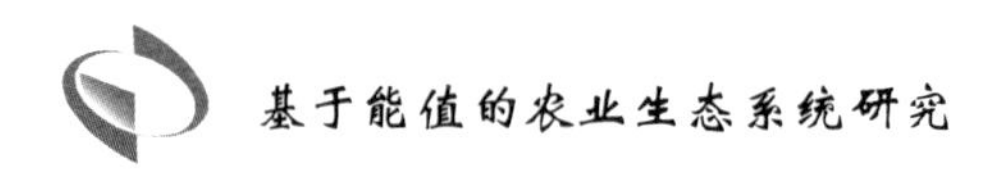

表 3-3　不同农业模式的能值投入①

项目	单位	单位	能值转换率（sej/unit[1]）	太阳能值（sej/hm^2）			
				传统农业	农田循环	农牧循环	农菌循环
可更新环境资源	太阳能	J	1	8.48×10^{13}	8.48×10^{13}	8.48×10^{13}	8.48×10^{13}
	风能	J	2.45×10^{3}	2.84×10^{14}	2.84×10^{14}	2.84×10^{14}	2.84×10^{14}
	雨水能	J	3.10×10^{4}	8.09×10^{14}	8.09×10^{14}	8.09×10^{14}	8.09×10^{14}
	小计	—	—	8.09×10^{14}	8.09×10^{14}	8.09×10^{14}	8.09×10^{14}
不可更新环境资源	灌溉水	J	2.88×10^{5}	1.92×10^{15}	9.58×10^{14}	9.58×10^{14}	9.58×10^{14}
	表土损失能	J	1.24×10^{5}	3.96×10^{15}	$3.96\times10_{15}$	3.96×10^{15}	3.96×10^{15}
	小计	—	—	3.96×10^{15}	3.96×10^{15}	3.96×10^{15}	3.96×10^{15}
不可更新工业辅助能	氮肥	g	4.05×10^{10}	3.46×10^{16}	3.26×10^{16}	3.15×10^{16}	3.15×10^{16}
	磷肥	g	1.78×10^{10}	3.08×10^{15}	3.08×10^{15}	3.08×10^{15}	3.08×10^{15}
	钾肥	g	1.74×10^{9}	3.79×10^{14}	3.79×10^{14}	3.79×10^{14}	3.79×10^{14}
	农药	g	2.49×10^{10}	2.61×10^{14}	1.31×10^{14}	1.31×10^{14}	1.31×10^{14}
	柴油	J	1.11×10^{5}	5.71×10^{13}	6.32×10^{13}	6.32×10^{13}	6.32×10^{13}
	农机	kg	5.35×10^{12}	7.49×10^{15}	7.49×10^{15}	7.49×10^{15}	7.49×10^{15}
	电力	J	2.69×10^{5}	1.30×10^{14}	6.51×10^{13}	6.51×10^{13}	6.51×10^{13}
	小计	—	—	4.60×10^{16}	4.39×10^{16}	4.27×10^{16}	4.27×10^{16}
购买的可更新有机能	劳力	J	7.56×10^{6}	8.57×10^{14}	7.62×10^{14}	9.53×10^{14}	9.53×10^{14}
	种子	J	1.11×10^{5}	3.76×10^{14}	3.76×10^{14}	3.76×10^{14}	3.76×10^{14}
	牛粪	J	4.54×10^{6}	0.00	0.00	2.31E+15	0.00
	菌渣	J	2.70×10^{6}	0.00	0.00	0.00	3.21×10^{15}
	小计	—	—	1.61×10^{15}	1.42×10^{15}	3.83×10^{15}	4.73×10^{15}
系统反馈能	小麦秸秆	J	3.90×10^{4}	0.00	8.53×10^{15}	6.93×10^{15}	7.36×10^{15}
	玉米秸秆	J	3.90×10^{4}	0.00	6.43×10^{15}	8.11×10^{15}	6.89×10^{15}
	小计	—	—	0.00	1.50×10^{16}	1.50×10^{16}	1.43×10^{16}
总能值投入	—	—	—	5.24×10^{16}	5.00×10^{16}	5.13×10^{16}	5.22×10^{16}

注：表中太阳、风、雨水等自然资源的能值转换率参考 Odum 2000 年的研究结果，化肥等农资投入参考 Brandt—Williams S. L. 的研究结果，劳力、牛粪、菌渣、柴油、电力及秸秆的能值转换率参考陈源泉的研究结果。

而江苏太仓市东林农场草—羊—田系统的循环农业能值计算结果见表 3-4：

① 王敬婼．中原经济区不同农业循环模式下农田系统的能值和生命周期评价［D］．新乡：河南师范大学，2017.

表 3-4 草—羊—田循环系统生命周期能值核算清单①

子系统	生命阶段	项目	能量（J）	能值转换率	换算单位	太阳能值（sej/J）
养殖系统	环境资源	太阳能	4.45E+09	1.00E+00	sej/J	4.45E+09
		风能	9.51E+08	2.45E+03	sej/J	2.33E+12
		电力	2.16E+11	3.97E+05	sej/J	8.58E+16
	饲养管理	人力	945E+09	7.56E+06	sej/J	7.14E+16
		饮用水	3.59E+10	2.45E+05	sej/J	8.80E+15
		设备	4.50E+05	1.42E+12	sej/J	6.39E+17
	饲料	稻草	4.08E+13	8.34E+04	sej/J	3.40E+18
	医疗	防疫	3.78E+07	1.68E+09	sej/J	6.35E+16
	运输	柴油	1.01E+11	1.11E+05	sej/J	1.12E+16
		人力	8.32E+10	7.56E+06	sej/J	6.29E+17
	产出	肉羊	2.74E+12	1.71E+06	sej/J	4.69E+18
		羊粪	2.70E+13	8.07E+05	sej/J	2.18E+19
堆肥系统	投入	羊粪	2.70E+13	8.07E+05	sej/J	2.18E+19
		秸秆	4.35E+13	4.94E+04	sej/J	2.15E+18
		柴油	4.11E+11	1.11E+05	sej/J	4.56E+16
		人力	2.92E+09	7.56E+06	sej/J	2.21E+16
	产出	有机肥	5.40E+13	3.80E+05	sej/J	2.05E+19
饲料厂	投入	外购豆渣	1.10E+13	1.21E+05	sej/J	1.33E+18
		秸秆	1.81E+14	4.94E+04	sej/J	8.94E+18
	产出	饲料	2.93E+14	8.34E+04	sej/J	2.44E+19

① 董佳．基于能值分析的循环农业评价研究——以江苏太仓东林合作农场为例［D］．南京：南京农业大学，2018.

续表

子系统	生命阶段	项目	能量（J）	能值转换率	换算单位	太阳能值（sej/J）
稻麦农田系统	环境资源	太阳能	4.31E+15	1.00E+00	sej/J	4.31E+15
		降雨能	7.01E+15	1.82E+04	sej/J	1.28E+20
		风能	1.15E+11	1.50E+03	sej/J	1.73E+14
	耕地	柴油	1.65E+10	1.11E+05	sej/J	1.83E+15
		人力	1.01E+09	7.56E+06	sej/J	7.64E+15
		机械	5.04E+09	7.50E+07	sej/J	3.78E+17
	整地	柴油	1.12E+11	1.11E+05	sej/J	1.24E+16
		人力	3.35E+08	7.56E+06	sej/J	2.53E+14
		机械	1.37E+10	7.50E+07	sej/J	1.03E+18
	设备	设备费用	5.17E+05	1.42E+12	sej/￥	7.34E+17
	施肥	有机肥	2.70E+12	3.80E+05	sej/J	1.03E+18
		化肥	5.46E+12.	3.78E+05	sej/J	2.06E+18
		机械	1.91E+11	7.50E+07	sej/J	1.43E+18
		柴油	1.25E+11	1.11E+05	sej/J	1.39E+16
		人力	1.69E+09	7.56E+06	sej/J	1.28E+15
	灌溉	灌溉量	1.29E+08	2.45E+05	sej/J	3.16E+13
		电力	5.90E+11	3.97E+05	sej/J	2.34E+17
	防虫	人力	1.26E+09	7.56E+06	sej/J	9.53E+15
		农药	2.15E+06	1.97E+07	sej/J	4.24E+13
		柴油	8.80E+10	1.11E+05	sej/J	9.77E+15
	播种	种子	5.29E+11	1.11E+05	sej/J	5.87E+16
		柴油	2.09E+11	1.11E+05	sej/J	2.32E+16
		人力	1.50E+10	7.56E+06	sej/J	1.13E+17
		机械	1.85E+12	7.50E+07	sej/J	1.39E+20
	收割	柴油	2.17E+11	1.11E+05	sej/J	2.41E+16
		机械	1.09E+10	7.50E+07	sej/J	8.18E+17
		人力	1.01E+09	7.56E+06	sej/J	7.64E+15
	秸秆打捆	机械	1.41E+12	7.50E+07	sej/J	1.06E+20
		耗油	2.17E+11	1.11E+05	sej/J	2.41E+16
		人力	3.16E+10	7.56E+06	sej/J	2.39E+17
	产出	籽粒	2.88E+13	4.94E+04	sej/J	1.42E+18
		秸秆	2.61E+13	4.94E+04	sej/J	1.29E+18

养殖子系统：自然资源输入总能值为 2.33 E+12 sej，饲养管理输入总能值为 1.66 E+17 sej，饲料输入总能值为 3.40 E+18 sej，医疗输入总能值为

6.35 E+16 sej，运输输入总能值为 6.40 E+17 sej，肉羊输出总能值为 4.69 E+18 sej，羊粪输出总能值为 2.18 E+19 sej。

堆肥子系统：羊粪输入总能值为 2.18E+19 sej，秸秆输入总能值为 2.15E+18 sej，柴油输入总能值为 4.56E+16 sej，人力输入总能值为 2.21E+16 sej，有机肥输出总能值为 2.05E+19 sej。

饲料厂系统：豆渣输入总能值为 1.33E+18 sej，秸秆输入总能值为 8.94E+18 sej，饲料输出总能值为 2.44E+19 sej。

稻麦农田子系统：环境资源输入总能值为 1.28E+20 sej，耕地输入总能值为 3.87E+17 sej，整地输入总能值为 1.19E+18 sej，施肥输入总能值为 4.54E+18 sej，治病防虫输入总能值为 1.93E+16 sej，播种输入总能值为 1.95E+17 sej，收割输入总能值为 8.50E+17 sej，秸秆打捆输入总能值为 1.06E+20 sej，系统籽粒输出总能值为 1.42E+18 sej，秸秆输出总能值为 1.29E+18 sej。

整体系统：自然资源输入总能值为 1.28E+20 sej，种子输入总能值为 5.87E+16 sej，电力输入总能值为 3.20E+17 sej，化肥输入总能值为 2.06+18 sej，农药输入总能值为 4.24E+13 sej，机械输入总能值为 2.49E+20 sej，柴油输入总能值为 1.66E+17 sej，人力输入总能值为 1.10E+18 sej，秸秆输出总能值为 1.29E+18 sej，籽粒输出总能值为 1.42E+18 sej，肉羊输出总能值为 4.69E+18 sej，羊粪输出总能值为 2.18 E+19 sej，饲料输出总能值为 2.44E+19 sej，有机肥输出总能值为 2.05E+19 sej。

四、不同循环农业模式的能值产出

从表 3-5 可以看出，不同农业生产模式总能值产出为农牧循环模式（5.53 ×1016 sej/ha）>农田循环模式（5.36×10^{16} sej/ha）>农菌循环模式（5.23×10^{16} sej/ha）>传统农业生产模式（5.20×10^{16} sej/ha）。由此可见，相较于传统农业生产模式，三种循环农业模式均增加了作物的生物量，其中又以农牧循环模式的增加量最多。四种农业模式籽粒产出占总能值产出的 72.11%～72.87%，均占到了总能值产出的一半以上，有利于满足人们对食物的需求。

表 3-5 四种农业模式的能值产出

项目	单位	能值转换率（sej/unit）	太阳能值（sej/ha）			
			传统农业	农田循环	农牧循环	农菌循环
产出	—	—	—	—	—	—
小麦籽粒	J	1.62×10^{5}	2.50×10^{16}	2.55×10^{16}	2.62×10^{16}	2.46×10^{16}
玉米籽粒	J	6.80×10^{4}	1.29×10^{16}	1.32×10^{16}	1.40×10^{16}	1.34×10^{16}
小麦秸秆	J	3.90×10^{4}	8.00×10^{15}	8.53×10^{15}	6.93×10^{15}	7.36×10^{15}
玉米秸秆	J	3.90×10^{4}	6.11×10^{15}	6.43×10^{15}	8.11×10^{15}	6.89×10^{15}
总能值产出	—	—	5.20×10^{16}	5.36×10^{16}	5.53×10^{16}	5.23×10^{16}

注：表中小麦籽粒、玉米籽粒的能值转换率参考陈源泉的研究结果。

根据不同模式能值投入类型分析，传统农业生产模式、农田循环模式、农菌循环模式、农牧循环模式的不可更新资源占系统总能值投入的比例分别为95.38%、95.54%、90.96%、89.38%，可更新资源占系统总能值投入的比例分别为4.62%、4.46%、9.04%、10.62%。由此，四种农业模式能值投入均为不可更新资源所占比例最大，但相较传统农业生产模式，除农田循环模式外，农牧循环模式和农菌循环模式的不可更新资源能值投入分别降低了4.42%和6.16%。农田循环模式由于投入的总能值最低而不可更新资源所占比例较传统农业生产模式稍高。农牧循环模式和农菌循环模式的可更新资源投入占比相差不大，并且均高于其他两种农业模式。这是相较于农田循环模式而言的，农牧循环模式和农菌循环模式均进一步减少了氮肥的投入量，并且增加了可更新资源有机物料（牛粪、菌渣）的投入量，从而进一步优化了能值投入结构。由于系统可更新资源比例越高越有利于可持续发展，因此从投入结构上看，农牧循环模式和农菌循环模式最有利于实现农业的可持续发展。

不可更新资源投入中，各模式均为不可更新的工业辅助能所占的比例最大，说明各模式农业集约化及现代化程度较高，但同时由于这些能源是不可更新的，不利于实现农业的可持续发展，因此分析各模式不可更新工业辅助能的投入结构，以便更精准地找出制约各农业生产模式能值投入结构趋向可持续发展的因子。各农业生产模式的不可更新工业辅助能均为氮肥所占比例最大，其次为农机，一方面说明各农业模式主要还是依靠化肥特别是氮肥投入来进行粮食生产的，另一方面说明各农业模式机械化的比例较高。但长期大量化肥的施用会破坏土壤结构，降低土壤肥力，进而降低作物产量，因此必须要改变现在的施肥方式，实现资源的合理分配与利用。对于农机，循环农业模式的农机投

入能值及占比要高于传统农业生产模式，这是因为在作物种植过程中，循环农业模式由于秸秆还田需要用到灭茬机来打碎秸秆，因此农机一体化对降低农业不可更新能值投入有着重要的意义。

五、不同循环农业模式的能值指标分析

能值指标是根据系统不同类型的能值投入及产出计算得到的表征系统在经济、生态及可持续性发展方面能力的指标体系。在此选取可更新比率、环境负载率、能值反馈率、能值自给率、净能值产出率、能值投资率、可持续性指标、系统外能值需求度、化肥能值需求度、农药能值需求度、可更新环境资源利用率及废弃物资源利用率作为评价四种不同农业模式的指标体系。

在指标体系中，环境负载率、能值反馈率、能值投资率属于农田系统能值评价的常规指标，见表 3-6。基于循环农业减量化、再利用及再循环的特点，系统外能值需求度、化肥能值需求度和农药能值需求度为农田系统的资源减量化指标，可更新环境资源利用率及废弃物资源利用率为农田系统的再循环利用指标，能值自给率和净能值产出率为农田系统的经济竞争力指标，可更新比率和可持续性指标为系统的可持续发展指标。

表 3-6　能值评价指标体系

指标体系	评价指标	表达式
能值常规指标	环境负载率	$(N+F)/(R+R_1+R_2)$
	能值反馈率	$R_2/(F+R_1)$
	能值投资率	$(F+R_1)/(R+N)$
资源减量化指标	系统外能值需求度	$(F+R_1+R+N)/E_Y$
	化肥能值需求度	F_h/E_Y
	农药能值需求度	F_n/E_Y
再循环利用指标	可更新环境资源利用率	R/Y
	废弃物资源利用率	R_2+R_f/Y
经济竞争力指标	净能值产出率	$Y/(R_1+F)$
	能值自给率	$(R+N)/T$
可持续发展指标	可更新比率	$(R+R_1+R_2)/T$
	可持续性指标	EYR/ELR

注：E_Y 表示系统的总籽粒产出能值值，Y 表示系统的籽粒总产出能，F 表示系统不可

更新工业辅助能投入，R_1 表示系统可更新有机能投入，R 表示系统可更新环境能值投入，N 表示系统不可更新环境能值投入，F_h 表示系统化肥能值投入，F_n 表示系统化肥能值投入，R_f 表示系统废弃物资源能值投入。

（一）能值常规指标

环境负载率（ELR）为系统投入的不可更新能值（含不可更新环境资源 N 和不可更新工业辅助能 F）与可更新能值（含可更新环境资源 R、购买的可更新有机能 R_1 和系统反馈能 R_2）的比值，它可以反映系统在能量流动过程中对环境造成的压力。ELR<3 时，表示对周围环境造成了较小的压力，3≤EIR≤10 时，表示对周围环境造成了一定的压力，ESI>10 时表示对周围环境造成了较大的压力。从表 3-5 可以看出，传统农业生产模式的环境负载率为 20.62，对环境造成了较大的危害；分析其原因主要是大量化肥的投入，因此应调整施肥结构，选择无机肥有机肥混施等施肥方式，减小农业生产的环境压力。三种循环农业模式的 ELR 均小于 3，对环境造成了较小的影响，且农牧和农菌循环模式的 ELR 低于我国农业平均水平（2.72），但比陕西平均水平（1.20）和江苏平均水平（2.35）高。在三种循环农业模式中，农牧循环模式和农菌循环模式具有较低的 ELR 且均小于农田循环模式，这是因为它们相较于农田循环模式进一步降低了不可更新能值化肥的施加量，且增加了可更新能值有机物料（牛粪、菌渣）的施加量。综合来看，在四种农业生产模式中，农牧循环模式和农菌循环模式具有较低的 ELR，对环境产生的压力相对较小。

能值反馈率（FYE）为系统的反馈能值（R_2）与投入的购买能值（含不可更新工业辅助能和购买的可更新有机能 R_1）的比值。它反映了系统的自组织能力，FYE 值越大表明系统的自组织能力越强，对人类经济系统投入资源的依赖性越小。从表 3-5 可以看出，传统农业生产模式由于秸秆不还田，其能值反馈率为 0，农田循环、农牧循环、农菌循环模式的 FYE 分别为 0.33、0.32、0.30，说明传统农业全部依靠自然界及人类经济系统实现粮食的生产；循环农业生产系统内部的资源配置则更合理，不仅实现了农业废弃物的循环再利用，减少了资源浪费，也降低了系统对人类经济系统的依赖性，增强了系统的自组织能力。三种循环农业模式中农田循环模式和农牧循环模式的 FYE 比农菌循环模式的 FYE 稍高，分析其原因主要是三种循环农业模式秸秆的还田量不同。

综合来看，农田循环模式和农牧循环模式具有较高的 FYE，因而具有较高的自组织能力和较低的对人类经济系统的依赖性。

能值投资率（EIR）即投入的购买能值（含购买的可更新有机能 R_1 和不可更新工业辅助能 F）与自然资源环境向系统中输入的能值（含可更新的环境资源 R 和不可更新的环境资源 N）的比值。它是衡量系统生产对购买能值利用情况的指标，其值越高说明生产系统经济发展程度越高，对环境的依赖越低。从表3-5可以看出，传统农业生产模式的EIR均高于循环农业模式，主要是因为传统农业投入的购买能值中不可更新工业辅助能值氮肥和农药较大。比较三种循环农业模式，农牧循环模式具有最高的EIR，其次为农菌循环模式，农田循环模式的EIR最低，分析其原因是不同有机物料具有不同的折能系数和能值转换率。综合来看，传统农业生产模式具有较高的EIR但与农牧循环模式相差不大，两者与其他两种农业模式相比具有更高的经济发展程度。

（二）资源减量化指标

系统外能值需求度为籽粒产出对系统外投入能值的需求程度。由表3-5可知，四种农业生产模式系统外能值需求度依次表现为传统农业生产模式（1.34×10^5）>农菌循环模式（1.29×10^5）>农田循环模式（1.22×10^5）>农牧循环模式（1.20×10^5）。农田循环、农牧循环、农菌循环模式对系统外能值需求度比传统农业生产模式分别降低了6.52%、8.70%、1.45%，说明三种循环农业模式均对系统外能值的依赖更低，也就在一定程度上实现了系统外资源投入的减量化。

化肥能值需求度为籽粒产出对化肥投入能值的需求程度，四种农业生产模式的化肥能值需求度依次表现为传统农业生产模式（1.11×10^5）>农菌循环模式（1.04×10^5）>农田循环模式（1.03×10^5）>农牧循环模式（9.80×10^4）。农田循环、农牧循环、农菌循环模式对化肥能值需求度比传统农业生产模式分别降低了7.21%、11.71%、6.31%，说明循环农业模式籽粒产出均降低了对化肥的消耗，在三种循环农业模式中，又以农牧循环模式的化肥能值需求度最低。

农药能值需求度为籽粒产出对农药投入能值的需求程度。四种农业生产模式农药能值需求度大小依次为传统农业生产模式（7.59×10^2）>农菌循环模式（3.74×10^2）>农田循环模式（3.72×10^2）>农牧循环模式（3.54×10^2）。农田循环、农牧循环、农菌循环模式对农药能值需求度比传统农业生产模式分别降低了50.99%、53.36%、50.72%，说明循环农业模式对农药的需求更低。

（三）再循环利用指标

可更新环境资源利用率为籽粒产出对可更新环境资源投入能值的利用效率。由表 3-5 可知，传统农业生产模式可更新环境资源利用率值最高（2.44%），其次为农菌循环模式（2.13%）、农田循环模式（2.09%），农牧循环模式最低（2.01%），但模式之间差异不大，最低和最高值之间的差值不足 0.5%。

废弃物资源利用率为籽粒产出对废弃物的循环利用效率。四种农业生产模式中，传统农业生产模式由于没有秸秆及有机物料还田废弃物资源利用率为 0，三种循环农业模式的废弃物资源利用率依次为农菌循环模式（45.94%）＞农牧循环模式（43.11%）＞农田循环模式（38.67%）。三种循环农业模式废弃物利用率不同与各模式还田的废弃物的养分组成及还田量有关，农菌循环模式具有最高的废弃物资源利用率。

（四）经济竞争力指标

净能值产出率（EYR）即系统总产出能（Y）与人类经济系统购买能值的比值，其中人类经济系统购买能值包括系统投入购买的可更新有机能（R_1）与不可更新工业辅助能（F）。它反映了人类经济系统购买能值的应用效率以及经济活动的竞争力，也反映了系统对当地资源的开发利用能力。从表 3-5 可以看出，传统农业生产模式、农田循环模式、农菌循环模式、农牧循环模式的净能值产出率分别为 1.09、1.18、1.19、1.10，其中农田循环模式和农牧循环模式 EYR 值最高，具有较好的能值经济效益，即系统能值产出需要更少的购买资源投入。但各模式的净能值产出率低于我国农业平均水平（2.08），因此应更多开发利用本地资源如农业有机废弃物用于生产，减少购买能源如化肥、农药的投入，增强市场竞争力。

能值自给率（ESR）即系统投入的总环境资源能值（含可更新环境资源 R 和不可更新环境资源 N）与投入总能值（T）之比。它表示自然环境对农田系统的贡献程度，其值越大表明系统生产利用的环境资源越多，需要的购买能值越少，经济竞争力越高。从表 3-5 可以看出，四种农业模式的能值自给率均较低，表明它们对自然环境资源的依赖较小，主要依赖于人类经济系统的投入。其中农田循环模式能值自给率最高，这是因为农田生态系统具有较高的能值反馈率即投入的系统反馈能值较高造成的。对于传统农业生产模式，虽然其与农牧和农菌循环模式的能值自给率大小相同，但其灌溉水用量比这两种循环农业

模式多，灌溉水虽然属于自然资源，但若一直大量使用灌溉水则会造成水资源越来越匮乏，最终将灌溉水计入购买能值中，导致农田生态系统的能值自给率减小，经济竞争力降低。

（五）可持续发展指标

可更新比率（$R\%$）为系统投入的可更新能值（含可更新环境资源 R、购买的可更新有机能 R_1 和系统反馈能 R_2）与系统投入总能值（T）的比值。它一方面可以反映系统的能值投入结构，另一方面也能反映系统的可持续发展能力。系统的可更新能值所占比重越高，则具有更好的环境适应力和竞争力。从表 3-4 可以看出，传统农业生产模式、农田循环模式、农牧循环模式、农菌循环模式的可更新比率分别为 4.62%、34.35%、38.39%、37.93%，说明所有农业模式对不可更新能值的依赖较高，主要是因为作物种植过程中投入了大量的无机肥料。但农田循环模式、农菌循环模式、农牧循环模式可更新比率分别是传统农业生产模式的 7.44 倍、8.31 倍、8.21 倍，说明减施氮肥、灌溉水和农药以及农业废弃物还田有效增加了系统投入的可更新比率，改善了能值投入结构，增强了农田生态系统对环境的适应力。对于三种循环农业模式来说，农牧循环模式和农菌循环模式的可更新比率相差不大且均高于农田循环模式，这是因为它们比农田循环模式增加了农田废弃物的投入。综合来看，农牧循环模式和农菌循环模式具有较高的可更新比率，更有利于提高系统的可持续发展能力。

可持续性指标（ESI）即净能值产出率与环境负载率的比值，是评价系统综合表现能力的指标。ESI 在 1～10 时系统具有较强的活力和发展潜力，且其值越高，说明系统发展的可持续性越好；若 ESI<1，说明系统可持续性较低；若 ESI>10，说明系统的开发程度较低。从表 3-7 可以看出，四种模式的 ESI 均小于 1，说明系统在产生一定经济效益的同时对周围环境产生了一定的压力，可持续发展性较低。但农田循环模式、农牧循环模式、农菌循环模式的 ESI 值分别比传统农业生产模式高 0.38、0.45、0.42，可见减施氮肥和循环利用农业废弃物降低了农业系统对环境的压力，增强了系统本身对周围环境的强化能力，提高了系统的可持续发展性能。另外，三种农业循环模式中，化肥和灌溉水的减施量有待进一步试验探讨，以确定能否将其可持续性指标调节到 1～10 之间，维持良好的循环农业生产体系平衡。综合来看，在四种农业生产模式中，农牧循环模式具有相对较高的可持续发展能力，但仍有可以改善的空间来进一步提高农业生产系统的可持续发展能力。

四种农业模式能值综合评价结果见表 3-7。

表 3-7 四种农业模式能值综合评价结果①

指标体系	评价指标	CK	NT	NM	NJ
能值常规指标	环境负载率	20.62	2.78	2.37	2.36
	能值反馈率	0.00	0.33	0.32	0.30
	能值投资率	10.00	9.50	9.76	9.95
资源减量化指标	系统外能值需求度（sej/J）	1.34×10^5	1.22×10^5	1.20×10^5	1.29×10^5
	化肥能值需求度（sej/J）	1.11×10^5	1.03×10^5	9.80×10^4	1.04×10^5
	农药能值需求度（sej/J）	7.59×10^2	3.72×10^2	3.54×10^2	3.74×10^2
再循环利用指标	可更新环境资源利用率	2.14%	2.09%	2.01%	2.13%
	废弃物资源利用率	0.00%	38.67%	43.11%	45.94%
经济竞争力指标	净能值产出率	1.09	1.18	1.19	1.10
	能值自给率	0.09	0.10	0.09	0.09
可持续发展指标	可更新比率	4.62%	34.35%	38.39%	37.93%
	可持续性指标	0.05	0.43	0.50	0.47

江苏太仓市东林农场的能值对比分析见表 3-8。

表 3-8 草—羊—田循环系统与非循环系统能值分析表②

—	循环系统	非循环系统
本地可更新资源（*R*）	1.28E+20	2.33E+12
太阳能	4.31E+15	4.45E+09
降雨能	1.28E+20	0
风能	1.85E+14	2.33E+12
本地不可更新资源（*N*）	0	0
购买性可更新资源（FR）	1.19E+17	1.11E+17
用水	8.82E+15	8.80E+15
人力（10%）	1.10E+17	1.02E+17
购买性不可更新资源（FN）	4.97E+18	1.44E+18

① 王敬婼．中原经济区不同农业循环模式下农田系统的能值和生命周期评价［D］．新乡：河南师范大学，2017.

② 董佳．基于能值分析的循环农业评价研究——以江苏太仓东林合作农场为例［D］．南京：南京农业大学，2018.

续表

—	循环系统	非循环系统
柴油	1.66E+17	1.12E+16
饲料	7.16E+15	7.16E+15
种子	5.87E+16	0
农药	4.24E+13	0
化肥	2.06E+18	0
人力（90%）	9.90E+17	6.93E+17
电力	3.20E+17	8.58E+16
设备	1.37E+18	6.39E+17
总能值投入（U；sej）	2.49E+19	1.55E+18
肉羊	4.69E+18	4.69E+18
羊粪	2.18E+19	2.18E+19
秸秆	1.29E+18	0
籽粒	1.42E+18	0
饲料	2.44E+19	0
有机肥	2.05E+19	0
能值总产出（Y）	7.41E+19	2.65E+19

循环系统的本地可更新资源中太阳能、风能、降雨能是相同自然现象共同的产物，为了防止重复计算该部分能值投入，故选取能值最大的降雨能进行计算。非循环系统选取能值最大的风能进行计算。

经综合分析，循环系统的本地可更新资源投入能值为1.28E+20 sej，购买性可更新资源投入能值为1.19E+17sej，购买性不可更新资源投入能值为4.97E+18 sej，总能值投入为2.49E+19sej。非循环系统的本地可更新资源投入能值为2.33E+12sej，购买性可更新资源投入能值为1.11E+17sej，购买性不可更新资源投入能值为1.44E+18sej，总能值投入为1.55E+18sej。其中，购买性不可更新能值为1.44E+18 sej，占93%，而可更新资源能值投入较小。循环系统的能值投入大于非循环系统的能值投入，其中，设备、柴油和耗电是循环模式的主要成本增加项，分别为单一养殖模式的2.15倍、1.48倍和3.73倍。然而，循环模式的总能值产出有6项，总计为7.41E+19 sej；而养殖模式的总能值产出仅有肉羊和羊粪2项，为2.65E+19 sej。循环系统的能值产出是单一养殖的 2.8 倍。从表 3-8 中可以看到，循环系统的有机肥能值产出为 2.05E+19sej，而非循环系统没有此项产出，这是由于现代草—羊—田循环系统中稻麦农田和养殖场生产链条有机结合，实现能量间循环，养殖场的畜禽粪便废弃物与秸秆、树皮等按比例配比堆肥，制成羊粪有机肥。循环模式的净能值收益为 4.92E+19 sej，养殖模式的净能值收益为 2.50E+19 sej。以上结果表明，循环模式增加了工业辅助能值的投入比例，导致总能值投入高于单一养殖模式。但是，循环模式同时增加了种植业的产品输出，总能值产出也高于单一养殖模式，循环模式依然可以获得净能值收益。

从系统来看，非循环系统中的畜禽粪便没有得到有效的处理，全部浪费，排放到河流、田地里面，造成严重的环境污染、水体污染，不利于人类的健康。现代草—羊—田循环系统的畜禽粪便不仅得到有效治理，还合理利用制成有机肥还田，保护农村生态环境，节约农业生产成本，提高土壤肥力，多余的有机肥还可以销售到市场，增加农户收入。

江苏太仓市东林农场能值指标评价见表 3-9。

表 3-9　系统能值指标评价[①]

指标	循环系统	非循环系统
本地可更新资源（R；sej）	1.28E+20	2.33E+12
本地不可更新资源（N；sej）	0	0
购买性可更新资源（FR；sej）	1.19E+17	1.11E+17
购买性不可更新资源（FN；sej）	4.97E+18	1.44E+18
总能值投入（U；sej）	249E+19	155E+18
总能值产出（Y；sej）	7.41E+19	2.65E+19
总能量产出（E；J）	4.32E+19	2.65E+19
能值产出率 EYR=Y/（FR+FN）	1.46E+00	1.71E+00
能值密度 EPD=（U/Area）	2.26E+15	1.41E+14
能值转换率 UEV=Y/E	1.72E+00	1.00E+00
能值投资率 EIR=（FR+FN）/（$R+N$）	3.98E−02	6.65E+05
可更新率 fR=（R+FR）/U	5.15E+00	7.16E−02

① 董佳．基于能值分析的循环农业评价研究——以江苏太仓东林合作农场为例［D］．南京：南京农业大学，2018.

续表

指标	循环系统	非循环系统
环境负载率 ELR=（N+FN）/（R+FR）	3.88E−02	5.90E−01
能值持续性指数 ESI=EYR/ELR	3.76E+01	2.90E+00
能值自给率 ESR=（R+N）/U	5.14E+00	1.50E−06

循环系统的能值产出率低于非循环系统，一方面为了有效处理养殖系统的废弃物而设计的循环系统，降低了环境污染程度，也降低了整个系统的产出效益；另一方面，随着能源物质的投入加大，其能值利用效率却未得到相应的提高。这也是循环农业生态补偿的关键点。

循环系统的能值密度为 2.26E+15，大于非循环系统，表明合作农场能值集约度高，系统总能值使用量高于非循环系统，因为现代草—羊—田循环系统在前期的系统构建过程中，投入设备和机械耗能较多，使其能值总投入值较大。这说明循环系统的经济可持续性更优，循环系统机械如抛肥机、打捆机、插秧机等机械设备使用量大。机械化作业提高系统的生产效率，所获得的经济效益多。而非循环系统采取传统落后的生产方式，不利于实现规模效益。

能值转换率是衡量系统中产品的能值利用效率的重要指标。产品的能值转换率越高，则其能值利用效率越低。结果显示，循环系统的 UEV 为 1.72E+00，是非循环系统的 1.72 倍。这表明草—羊—田生态系统延长了物质利用链条，降低了循环系统的能量转化效率。但是该系统所需的能量等级较高，比非循环系统更有效。

循环系统的能值投资率为 3.98E−02，明显低于非循环系统，表明现代草—羊—田循环系统经济发展程度较高，对环境造成的压力较小，系统自然资源的投入较大，购买性资源投入较少，对外部环境的依赖低，系统内部运作效率高。这是因为循环生产系统废弃物循环再利用效率高，养殖业中的饲料来源是农作物秸秆，而稻麦农田的肥料来源于养殖场的羊粪有机肥。非循环系统的能值投资率较高，为 6.65E+05，主要是系统购买性资源的投入占总能值投入的比值较大，依赖于外部环境，说明系统的资源投入类型不合理。

循环系统的可更新比率为 5.15E+00，高于非循环系统，主要是循环系统的可更新资源投入多，其对系统的贡献较大。而非循环系统的可更新比率低，说明系统中不可更新资源投入占比较大，系统能值投入结构不合理，系统可持续发展能力差。循环系统环境负载率为 3.88E−02，大大低于非循环系统。这表明为了有效处理规模化养殖场畜禽污染而设计的循环系统，能够有效降低环境污染程度，说明草—羊—田循环系统生态效益优于非循环系统。但是，环境负载率值低代表循环系统的科技水平还有待提高。

循环模式系统的可持续发展性能的能值指数为3.76E+01，远远高于非循环系统，表明循环系统通过把养殖场与稻麦农田结合以后，两个系统分别产生的畜禽废弃物和农作物秸秆形成了循环利用的产业链条，使得系统的可持续发展能力提高，降低了对环境的压力。

循环模式的能值自给率为5.14E+00，非循环系统为1.50E−06，说明循环模式中内部资源的使用率高，自然资源投入较多，系统具有自我供给的能力。

循环型生产模式与非循环型生产模式的最大区别主要在于养殖废弃物的处理方式上：东林合作农场产出的沼渣、沼液通过堆肥沤熟制成有机肥，有机肥还田作为稻麦农田种植的肥料，不仅可以培肥地力，实现废弃物循环再利用，还减轻了环境污染和生态破坏。而传统的单一养殖模式产生的大量畜禽废物大多没有经过处理，直接排放造成了一定的污染。相比之下，对于养殖废弃物处理方式方面，循环系统的处理更符合绿色农业的要求，生态效益显著。

通过能值分析方法对比了循环农业系统和非循环农业系统后，可以看到前者在能值密度、可更新比率、能值自给率、环境负载率、能值持续性指数方面均具有优势。东林合作农场的现代草—羊—田循环系统是生态经济效益较优的生产模式，具有以下优势：废弃物资源再利用效率高、畜禽粪便污染排放减少、系统可持续发展能力强和产品市场竞争力强。该循环系统模式可以为其他地区发展循环农业提供参考，但仍需加大现代科技的投入和对系统的经济开发利用，促进草—羊—田循环模式的进一步推广。

减量化方面：主要表现在能值投入方面。循环系统的本地可更新资源能值投入为1.28E+20，大于非循环系统此项能值投入，说明循环系统中自然资源的贡献较大。从外界购买能值投入的种类来看，循环系统的购买性可更新资源为1.19E+17，非循环系统的购买性可更新资源为1.11E+17。这说明合作农场能值集约度高，系统在前期构建过程中的机械设备能值投入大，致使总能值使用量高于非循环系统，但是机械化作业提高了系统的生产效率，所获得的经济效益多。而非循环系统采取传统的生产方式，不利于实现规模效益。另外，草—羊—田种养结合循环系统畜禽污染物排放减少，达到了保护生态环境的目的。

再利用方面：循环系统的能值投资率明显低于非循环系统。这表明现代草—羊—田循环系统经济发展程度较高，对环境造成的压力较小，系统对外部

环境的依赖低，系统内部运作效率高。采用现代草—羊—田循环农业系统后，农业生产链条得以延伸，可实现各生产要素耦合。

再循环方面：循环系统的可更新比率和环境负载率均表现出优势。循环系统有效处理规模化养殖场畜禽污染，降低了环境的污染程度，具有良好的生态效益。将羊粪和部分秸秆堆肥腐熟后，生产的有机肥可用于农田施肥，反馈系统；秸秆部分还田，部分可用作羊饲料。且从环境负载率（ELR）来看，东林循环农业为3.88E－02，说明系统对环境的压力很小。

可持续方面：草—羊—田种养结合循环系统的能值持续性指数（ESI）为3.76E＋01，大于非循环系统，说明系统具有较强的活力与发展潜力，系统是可持续的，系统开发程度较高；能值自给率（ESR）的值为5.14E＋00，说明循环系统环境资源能值投入占总能值的比重大，环境资源的利用率高，系统自足能力强。

但是，在东林合作农场现代草—羊—田循环系统生产过程中，还存在以下不足：

东林循环农业能值投入中购买性不可更新资源中电力的能值投入占比较高，说明如果可以合理利用太阳能发电，减少系统对电能的消耗。

能值转换率（UEV）较高，这主要是由于东林循环农业涉及的大部分只是产品的初级加工，精深加工产品比较少，利润相对较少。土地流转之后，土地生产力和产量大幅提高，但要想获得更高的利润、更有效的面对市场风险，就需要进行农产品深加工，直达消费者餐桌。

循环系统的能值产出率（EYR）低于非循环系统，表明一方面为了有效处理养殖系统的废弃物而设计的循环系统，降低了环境污染程度，也降低了整个系统的产出效益；另一方面，随着能源物质的投入加大，其能值利用效率却未得到相应的提高。政府可以对循环农业生产者进行适当的生态补偿。

从环境负载率（ELR）来看，东林循环农业达到了对环境压力较小的目标，但是也说明，应提高其科技发展水平，增加科技投入。

草—羊—田循环系统中的羊粪作为反馈能投入稻麦农田里，虽然能在一定程度上提高土壤肥力，增加农产品产量，但是一旦投入过量，与农田承受力不匹配，就会适得其反，出现农作物烧苗现象，所以，应该准确地计算农田施肥量。

第三节　循环农业发展模式现状

一、循环农业模式还待进一步改进

随着绿色发展新理念的提出，近年来循环农业发展迅速，其发展模式不断丰富，发展经验不断累积，但仍存在一些问题。我国循环农业发展存在废弃物利用率低、循环产业链不足、农民科学知识缺乏、资金短缺及法律体系和社会服务体系不健全等问题。

在能值投入结构中，当不同循环农业模式均为不可更新工业辅助能所占比例较大时，说明农业生产过程主要是依靠可更新系数比较低的资源来实现的，非常不利于农业的持续发展。这也能从三种循环农业模式的可持续性指标均低于规定的标准值看出。在不可更新工业辅助能中，氮肥和磷肥是主要影响因子，因此进一步减少氮肥和磷肥的施加量可以有效降低不可更新工业辅助能，可以借鉴当地相关施肥研究进一步降低化肥的施用量。同时，也可以采取沟施和沟施覆膜等施肥措施提高肥料利用率，减少化肥氨挥发和径流等造成的环境影响。综上，通过进一步减少化肥施用量和改善肥料施撒方式可增强农牧循环模式的系统可持续发展能力，同时也可通过这两种措施对另外两种循环模式加以改善。

对于农田循环模式，其废弃物资源利用率及可持续性指标是三种循环农业模式中最低的，说明其在资源再利用及可持续发展方面仍有较大的改善空间。在农田循环模式中，废弃物资源的利用方式是小麦、玉米秸秆的再还田，不涉及其他农业废弃物的再利用，因而仍然主要依靠人类经济系统的购买资源来实现粮食的生产，不能有效地开发利用本地资源。对于农业生产系统，如果其生产环节越多，那它能提供的产品就越多，系统增值空间也越大。因此可以扩宽农田循环模式的系统生产链条，将小麦和玉米秸秆深加工制作成饲料喂养猪和牛等，猪粪、牛粪和沼渣可以作为肥料再还田，以此增加系统反馈能、能值投资率和可更新比率，提高废弃物资源利用率。同时通过增加有机肥的投入量及减少化肥的投入量，可以显著降低农田生态系统的一氧化二氮排放量，进而降低其环境影响。通过延长农业生产链条以增加有机肥和减少化肥的措施，实质上是增加了系统的可更新资源投入，减少了不可更新资源投入，降低了系统的

环境负载率，增加了系统的可持续发展能力。因此，可通过延长农业产业链条，进一步减少化肥投入量来改善农田循环模式。

农菌循环模式的污染减排指标是三种循环模式中最差的，说明其在环境污染物排放上有很大的改进空间。在农作物种植过程中，其对环境产生的影响主要来自投入系统的化肥和农药，相对于另外两种循环农业模式，农菌循环模式的减药量是一样的，氮肥减施量比农田循环模式还多，造成其污染减排能力不如另外两种模式的主要原因是菌渣本身含有大量的重金属以及秸秆还田量的差异。在食用菌生产过程中，为了保证出菇率以及杂菌感染，在种植前要对环境进行严格的消毒工作，种植过程中也要对菌糠采取局部涂抹农药等方式消灭杂菌，在这样的过程中菌糠已经吸收了部分农药成分，并最终残留到菌渣中。因此，要从根源上减少食用菌生产过程中的农药施用量，保证施加到农田的菌渣质量。此外，农菌循环的净能值产出率是三种循环农业模式中最低的，并且和传统农业生产模式相差不大，这主要是农菌循环模式的作物产量相对较低造成的。菌渣废弃物中会含有许多微生物和有害物质，容易引起烧苗和病菌污染，在对菌渣进行还田前必须经过无害化处理。由此，农菌循环模式可以通过实现菌渣的无害化处理来降低其对环境的影响以及产量风险，达到改善农业发展模式的目的。

我国循环农业发展模式与国外的典型模式有很多相似的地方，并且我国基于不同的地域及经济特点提出了独具特色的循环农业模式，但相比于国外成功经验，我国循环农业的支撑体系明显不足。在国外循环农业发展过程中，政府在财政和科研上给予了大力支持，并且制定了相关法律促进循环农业的发展。针对各循环农业模式存在的问题以及我国循环农业模式的发展情况，我们不仅要进行循环农业制度与机制创新，而且要加强政策扶持与法律保护。一要创新农业生产模式，扩宽农业产业链，提升农业生产技术；二要调动农民积极性，提高农民科学素养，增强农民生态意识；三要加大政策扶持，增加循环农业补贴；四要加强立法保护，保障循环农业发展。

二、循环农业评价方法指标体系尚需不断完善

建立合理的指标体系应用到循环农业模式的评价中可以对循环农业模式进行有效的评价。根据循环农业的4R原则来制定循环农业评价的指标体系是可行的。纵观当前的农业评价方法，数据包络分析法侧重于对循环农业模式的经济运行效率、技术效率、规模效率及规模报酬进行分析，不能体现循环农业的

减量化、再循环、再利用程度；主成分分析法通过降维的思维将循环农业的众多相关性指标简化为几个重要指标来进行分析，但其忽略了循环农业的微观环境影响；生命周期评价法将生命周期思想应用到循环农业生产过程中，对循环农业的环境影响及资源消耗进行分析，但不能反映循环农业的再循环再利用程度；能值评价法通过能值综合指标体系的建立对循环农业的经济生态效益及可持续发展性进行评价，但对于集约化生产的农业模式仍具有一定的局限性，且目前对能值转换率没有统一的标准。

在此采用能值评价法和生命周期评价法分别对不同农业模式下的农田系统进行分析研究，同时结合 EMA－LCA 综合评价法的结果，对不同农业模式下农田系统的资源减量化、再循环利用、经济竞争力、污染减排以及可持续发展 5 个指标进行对比分析。从指标构成上看，这 5 项指标基本体现了循环农业的 4R 原则，但这些指标都是基于微观评价建立的，对于宏观指标几乎没有涉及。并且，在能值评价法中，不同物质能值转换率参数由于地域及物质内部组成不同没有统一的标准，在评价时由于选择参数的不同则会出现不同的结果，因而今后应加强对参数标准的统一。对于生命周期评价法，由于工业污染目前处于不断治理及改进中，势必会使化肥农药等农资生产运输过程中的环境影响降低，因而其参数也处于不断变化中，需要根据研究对象和时间选择合适的工业数据进行分析。不过相较于单一评价方法下的指标体系，在此构建的指标体系已经进行了拓展与创新，同时也增加了 EMA－LCA 综合评价法的适用性。

三、多种评价方法相结合是农业生态系统评价的发展方向

农业的多种评价方法都有其评价的适用范围及侧重点，单一评价法很难将农业生态系统做出完整的分析。陈源泉等应用能值评价、生态系统服务和生命周期评价 3 种评价方法对吉林省不同的保护性耕作进行分析，结果发现 3 种评价方法的评价结果不尽相同。这说明单一评价法很难全面评价农业生态系统。因此，这里将能值评价法与生命周期评价法相结合，实现两种评价方法的互补，以达到对不同的农业循环模式进行综合评价的目的。

国内外目前已有很多学者采用多种评价法结合对农业生态系统进行评价。Khoshnevisan 采用生命周期评价与多目标遗传法对作物种植的环境影响进行了评价，Agostinho 应用能值分析和地理地位系统对巴西三种家庭小农场进行了评价，Dong 应用碳模型和能值评价法对中国草原管理措施进行了评价，Castellini 应用层次分析法与生命周期评价法结合对不同养殖模式的可持续发

展性进行了分析，王小龙基于生命周期评价法和能值评价法对养殖业进行评价与改进，王瑞波采用层次分析法和模糊综合评价法对北京市山区板栗产业循环农业模式效益进行综合评价，文春波运用 BPEIR 模型及特尔菲法对河南省农业循环经济进行评价。综合来看，针对评价对象的特点及不同评价方法的适用性，选取合适的评价方法结合进行综合评价，可以得到合理的评价结果，并对研究对象进行更有针对性的改进。这样可以有效地指出农业发展模式存在的问题，为农业的生态、经济和持续发展提供决策建议。

第四章　农业生态系统服务权衡与协同关系

随着经济的发展和城市化进程的不断加快，人类为了满足自身发展的需要，不断地向生态系统进行索取，人类干扰程度的加强，产生了一系列的生态环境问题，如建设用地不断扩张占用大量的耕地、林地、草地等，生态景观的减少及破碎化严重影响了生物种类及数量，扰乱了生态结构与过程，导致固碳释氧、环境净化、气候调节等生态系统服务不断下降，生态资产减少，影响人类福祉与可持续发展。面对生态退化问题，有很多平台或组织机构致力于对生态环境及生态系统的保护。

为了加强生物多样性和生态系统服务领域科学和政策之间的沟通和联系，2012 年 4 月，生物多样性和生态系统服务间科学政策平台（IPBES）建立，涉及开展生态系统评估、通过评估创造知识、作为政策的决策工具和方法、开展能力建设四大功能。这些研究的共同出发点是如何将生态系统服务的理论研究转化为有效保护和管理生态系统服务的实际行动。目前，对生态系统服务的研究多集中于支持、调节、提供、文化服务 4 大类生态系统服务，研究的角度多样化且已较为成熟，测评方法和模型多样化，研究的空间尺度及生态系统服务类型涉及广泛，生态系统服务的权衡关系研究是开展生态系统服务管理的关键科学问题，目前已有较多的研究。但对生态系统服务权衡关系的产生机理、生态系统服务权衡类型、生态系统服务之间的作用机制等认识尚不清楚；对于人类干扰下产生的负向服务的研究还相对较少；对于农业生态系统产生的负向服务及其与正向服务的权衡关系研究更加少见；由于生态系统服务评估研究方面提供的信息与决策者的需求信息不对接，科学开展生态系统服务管理也存在很大的困难。

第一节　农业生态服务相关概念

一、生态系统服务簇

生态系统服务簇是提高多功能管理水平的重要研究方法，指的是通过主成分分析、空间自相关和聚类分析等方法划分的一系列在空间和时间上重复出现的生态系统服务组合类型。一些服务在空间上可以同时存在，另一些服务却此消彼长，造成了不同生态系统服务簇服务供给能力的空间差异。对生态系统服务簇的识别与分析，不仅有利于明晰各类生态系统服务的空间分布规律，更重要的是便于分析生态系统服务之间的协同与权衡关系及其关系的内在本质。目前，生态系统服务簇主要用于识别生态系统服务关系，定量分析多重生态系统服务在空间上的集聚规律，明确各区域的主导生态系统服务，从而进行空间分区和差别化管理。

二、生态系统服务

作为连接自然环境与人类福祉的桥梁，生态系统服务研究大量兴起，成为当前地理学、生态学等研究的热点。生态系统服务最早由 Ehrlich 等人在生态系统功能、环境服务、全球环境服务与自然服务等概念基础上发展而来。不同学者对于生态系统服务概念有不同的界定，但其实质基本相似。Costanza 等人将生态系统服务定义为“自然生态系统的生境、生物学状态、性质和生态过程中产生的物质以及维持的良好生活环境能够为人类生存提供的直接福利”①；Daily 等人认为生态系统服务是生态过程中形成的、维持人类基本生存的自然环境条件与效用②。我国学者也分别从不同的学科角度对生态系统服务进行了定义。董全将生态系统服务定义为“自然生物过程产生和维持的环境资源方面

① Robert Costanza，Ralph d'Arge，Rudolf de Groot，et al. The value of the world's ecosystem services and natural capital [J]. Nature：International weekly journal of science，1997，387：6630.

② Daily G C. Nature's seances：societal dependence on natural ecosystems [J]. Pacific Conservation Biology，1999，6（2）：220—221.

的服务”[①]；欧阳志云等认为生态系统服务是指生态系统和服务过程中形成的维持人类生存的自然条件与效用[②]。在此，将生态系统服务定义为生态系统形成和维持的人类赖以生存发展的自然环境条件和效用，是通过生态系统功能发挥直接或间接作用得到的产品或服务。这种由自然资本的能量流、物流、信息流构成的生态系统服务与非自然资本结合在一起所产生的人类福利[③]，其效用不仅仅是为人类提供食物、淡水和其他农业生产原材料，更重要的是维持了大气、水文平衡，保护了生物多样性，支撑了地球的生命支持系统。

三、生态系统服务权衡与价值评估

在生态系统服务研究中，多数学者认为各类生态系统服务并非静态、独立的，同类型生态系统服务内部以及不同类型生态系统服务之间存在复杂多样的动态交互作用，包含协同、权衡和兼容等多种作用方式。协同（synergies 或 co－benefits）指的是同一单元内两种及两种以上的生态系统服务同时增加或减少的情形，服务间是一种正相关的关系；权衡（tradeoffs）指的是同一单元内一种生态系统服务的增加造成了另一种或几种生态系统服务减少的情形[④]，服务间是负相关的关系；兼容则是指生态系统服务间的相关性不显著。

生态系统服务是人类维持生存和发展所需的一切自然环境条件与效用，包括人类直接或间接从生态系统获取的所有惠益，一般可分为供给服务、调节服务、支持服务和文化服务四大类。生态系统服务的供给往往受到人类需求及决策的干预和影响，构成不同服务的生态过程具有对自然资源和生态要素的竞争利用关系，使得某些生态系统服务无法同时实现“最大化”的理想状态。具体表现为不同生态系统服务之间存在一定的相互冲突或相互促进的关系，某种服务的增加（或减少）可能引起其他服务的减少（或增加），也可能是某种服务的增加（或减少）同时引起了其他服务的增加（或减少）。例如，供给服务的增强可能带来调节服务的减弱，增强调节服务的同时可能文化服务也会增强。

---

① 董全．生态功益：自然生态过程对人类的贡献［J］．应用生态学报，1999，10（2）：233－240.

② 欧阳志云，王如松，赵景柱．生态系统服务功能及其生态经济价值评价［J］．应用生态学报，1999 10（5）：635－640.

③ 李双成，刘金龙，张才玉，等．生态系统服务研究动态及地理学研究范式［J］．地理学报，2011，66（12）：1618－1630.

④ 戴尔阜，王晓莉，朱建佳，等．生态系统服务权衡/协同研究进展与趋势展望［J］．地球科学进展，2015，30（11）：1250－1259.

通常，将生态系统服务之间不同程度的“此消彼长”或“相互促进”的关系被称为生态系统服务“权衡关系”或“协同关系”。千年生态系统评估（MA）提出权衡具有空间尺度、时间属性、是否可逆三种属性，将三种属性两两组合得到 8 种不同的生态系统服务权衡的关系类型；随后，生态系统和生物多样性经济学（The Economics of Ecosystems and Biodiversiy，TEEB）将“权衡”定义为管理者决策中的“取舍”，并强调了生态系统服务的经济价值，其针对权衡关系的研究体系不再限于自然生态系统，更进一步拓展到了社会—生态系统，权衡的维度也在时间和空间维度的基础上扩展了利益相关者的维度。

随着生态系统管理和生态系统服务的研究成果不断增长，“权衡”一词的内涵和分类也得到了丰富和发展。目前国内外涉及生态系统服务权衡的研究主要涉及：①供给数理权衡：主要分析某种生态系统服务与另外一（或多）种生态系统服务之间的数量关系。②供需关系权衡：主要探讨生态系统服务的供给与人类社会需求相匹配的程度。③不同主体权衡：主要考虑规划明确受益主体，通过生态系统的权衡分析促使不同主体培育环境共识。④时空动态权衡：主要关注生态系统服务在不同时期的代际竞争关系，以辅助决策土地规划管理的近期和远期未来方案。

综合已有的代表性研究对“权衡”的内涵阐释及分类，这里认为，“权衡”可以划分为客观规律权衡和管理决策权衡两大类，前者主要关注某种或多种生态系统服务的供给表现以及不同（若有）生态系统服务之间的相互影响和作用，旨在揭示客观规律，加深科学认知；后者则主要探讨如何优化客观的权衡规律，进而有效和可持续地提升人类福祉。在这里的研究语境下，“权衡”的内涵在上述两个方面均有涉及，既包括对研究区多种生态系统服务的供给表现和空间分布规律的探讨，也涵盖了对不同项生态系统服务、涉及的多元利益主体的权衡决策，即在此所指的“权衡”既是生态系统的客观规律，也是对生态系统不同类型服务间关系的一种综合把握。

生态系统服务协同与权衡关系受到生态系统服务多样性、时空分布异质性以及人类行为的影响。在生态系统管理决策中，人们更倾向于关注供给服务，更容易低估甚至忽略调节、文化和支持服务。在资源有限且服务间权衡的情况下，供给服务的增加会降低调节、支持和文化服务，这种单一的生态系统服务利用方式损害了总体效益最大化这一目标。明确生态系统服务间的协同与权衡关系，减少权衡作用的负面效应，为生态系统服务管理决策提供建议，最终实现服务效益最大化，提升人类福祉已经成为生态系统服务协同与权衡研究的最终目标。

生态系统服务分类和评估能够帮助人们更直观清楚地了解生态系统服务，同时也是定量研究的基础，对实现多服务管理具有重要意义。各国学者展开了大量研究，提出了很多生态系统服务分类体系。李双成在总结前人经验的基础上归纳了4类分类体系，分别是面向人类福祉的服务分类体系、用于评估的分类体系、针对特定服务属性的分类体系和通用型服务分类体系。[①] MA的服务分类体系由于分类方式清楚、易理解，并且提出时点具有跨时代意义，一直被学界广泛认同和接受，并在世界范围内获得推广应用，积累了丰富的案例实践经验。该分类体系包括供给、调节、支持和文化4类生态系统服务，服务间具有相关性，同时随着时空变化又具有动态、非线性的变化关系。第一类供给生态系统服务主要是指生态系统对人类食物、原材料等初级产品和淡水资源的供给，大部分产品可以直接获取；第二类调节生态系统服务主要指的是大气调节、气候调节、水文调节、环境净化和废物处理等服务，这类生态系统服务对维持生态系统健康具有重要意义，但是由于其组分复杂且变化慢，往往被人类轻视甚至忽略；第三类支持生态系统服务主要指的是养分蓄积、土壤保有、防风固沙和维持生物多样性等服务，是其他三类服务形成和发挥的基础；第四类文化生态系统服务主要指的是休闲旅游、促进就业和科研文化历史等服务，这些服务通常为无形的、难以衡量的。

农地功能的分类体系总体上大同小异。千年生态系统评估认为耕地发挥着供给、调节、支持和文化四类功能，Shi认为农地具有生产、生态和生活功能[②]；蔡运龙则将其概括为生产、生态服务及社会保障功能[③]；刘卫东将其归纳为经济、生态、文化功能[④]。当前，农地功能研究经历了从最初的宏观论述，到农地多功能评价或价值测算，再到运用多功能的科学认知来指导土地利用实践和管理决策的发展阶段。农地功能评价是农地功能研究的重要内容，不少国内外学者通过选取反映农地功能的定量指标实现农地功能的定量表征。Luuk等针对欧洲山地的橄榄园构建了耦合生态过程、农业实践和社会结构的多功能评价指标体系[⑤]；杨雪和谈洪明从生产、生态、文化、社会四个方面选

① 李双成．生态系统服务地理学［M］．北京：科学出版社，2014.

② Shi X. Research of rural land system in China［J］. Chinese Rural Economy，1997（2）：36－40.

③ 蔡运龙．中国农村转型与耕地保护机制［J］．地理科学，2001，21（1）：1－6.

④ 刘卫东．耕地多功能保护问题研究［J］．国土资源科技管理，2008（1）：1－5.

⑤ Luuk F，Filomena D，Irmgard E. A conceptual framework for the assessment of multiple functions of agroecosystems：A case study of Trás－os－Montes olive groves［J］. Journal of Rural Studies，2009，25（1）：141－155.

择指标评价了北京市的耕地功能[①]；何焱洲和王成基于农业生产、休闲旅游、社会保障和生态保育等功能构建农地空间功能评价指标体系[②]。尽管农地功能评价体系的建构逻辑和具体指标选择没有唯一定论，但学者们普遍认可应当根据研究案例的资源环境、社会经济状况及可持续利用目标等选择合适的指标，以尽可能全面客观地反映农地功能。

在价值测算方面，Costanza 等发表了关于全球生态系统服务价值测算的研究成果[③]；谢高地等基于中国实际情况修正了 Costanza 等提出的生态系统服务价值当量[④]，目前已被众多中国学者采纳用于估算中国生态系统服务的价值变化。此外，众多学者运用成本收益法、条件价值分析、特征价格模型、旅行成本法等测算农地货币性价值，这些方法为表征农地的非市场价值（如舒适性）提供了有效的工具。基于功能分类的货币性价值评估方法操作简便且易于横向对比研究，但也受到了多方质疑，一是经济学定价的方法很可能低估某些非市场属性（如生态功能）的价值，二是简单的数理加总没有考虑各种功能之间的相互作用。为应对上述问题，Parks 和 Gowdy 引入了社会分享价值的概念，重点关注价值评估的社会性和系统性[⑤]；此外，对农地非市场价值的整体性评估逐渐转变为对农地多元特征（包括土壤、面积、权属特征、农地使用特征、邻近景观质量、居民可达性等）的关注。

随着对农地多功能认知的进一步深入，学者们不再局限于单一币值衡量的评估，而是转向经济、生物物理、生态、人文等多价值尺度耦合的综合评价，同时生态系统服务框架的提出进一步为农地功能认知提供了有力的工具，农业生态系统服务的综合评价和空间制图成为区域农业系统研究的热点，生态系统服务研究表现出显著的空间性、区域性及综合性导向。研究方法方面，除了初始多基于社会经济数据和土地利用类型换算等方法外，模型计算、参与性制图、经验打分等手段也得到了广泛运用。Bagstad 等将生态机理模型和公众意

---

① 杨雪，谈明洪．北京市耕地功能空间差异及其演变［J］．地理研究，2014，33（6）：1106－1118.

② 何焱洲，王成．乡村生产空间系统功能评价与格局优化——以重庆市巴南区为例［J］．经济地理，2019，39（3）：162－171.

③ Costanza R，D'Arge R，Groot R D，et al. The value of the world's ecosystem services and natural capital［J］. World Environment，1997，25（1）：3－15.

④ 谢高地，甄霖，鲁春霞，等．一个基于专家知识的生态系统服务价值化方法［J］．自然资源学报，2008（5）：911－919.

⑤ Parks S，Gowdy J. What have economists learned about valuing nature? A review essay［J］. Ecosystem Services，2013（3）：e1－e10.

向调查相结合用于评估生态系统服务，并运用线性回归探究两者之间的关联①；彭婉婷等将问卷和半结构访谈与参与式制图相结合来评估研究区的文化服务非市场价值，并探索了各种文化服务丰度与不同景观类型的关系②；对于数据获取相对匮乏的地区，采用专家打分和基于局地情况分析相结合的生态系统服务评价矩阵是有意义的尝试。与价值量测算相比，生态系统服务的物质量评价更能客观地反映生态系统的环境复杂性以及各种服务的形成机制，已成为当下生态系统服务评估的新趋势。

此外，农地生态系统服务空间评估的尺度特征一直备受学者关注，研究尺度一般可分为全球、国家、区域、乡村社区、农户（个体）五级，不同尺度上的生态系统服务评估需要考虑不同的方法，同时受限于基础数据的精度及可得性，目前土地功能及生态系统服务研究主要集中在宏观（国家）和中观（省域、市域）尺度上，更小评价单元的微观研究尚比较少见；同时，对土地利用不同功能空间分异特征的描述性研究较多，对空间关联特征的探索性分析重视不够。

目前对各类生态系统服务的研究很多，主要集中在森林、草地、湿地、海洋等自然生态系统和农田、城市、人工林等非自然人工生态系统。农业生态系统包括农田、人工林、园地、人工草等子系统，是典型的人工生态系统。与自然系统相比，农业生态系统服务（Agricultural Ecosystem Services）评估中存在以下几点不同：农业生态系统提供较高的直接经济效益，但提供的间接服务价值却较小，大多数时候，农业系统比自然生态系统能够更为有效地提供一种生态系统服务，但却只能在小尺度上和有限时段内；农业生态系统的运行依赖于大量的外部输入，如肥料和农药等，同时农业生态系统还会造成环境破坏，增加环境成本；人作为农业生态系统的管理者和决策者，决定着农业生态系统的运行方式，从而影响着生态系统的组成、结构和功能，进而影响农业生态系统服务，如从农民角度来讲，如果不能获得利益或补偿来维持生计，他们难以主动地保护环境。研究农业生态系统服务旨在指导和完善对农业生态系统的管理，确保农业生态系统的保护与可持续利用，从而提高人类福祉，推动社会经济可持续发展。

---

① Bagstad K J，Reed J M，Semmens D J，et al. A Linking biophysical models and public preferences for ecosystem service assessments：a case study for the Southern Rocky Mountains [J]. Regional Environmental Change，2016，16 (7)：2005—2018.

② 彭婉婷，刘文倩，蔡文博，等．基于参与式制图的城市保护地生态系统文化服务价值评价——以上海共青森林公园为例 [J]．应用生态学报，2019，30 (2)：439—448.

四、生态系统服务协同与权衡表现形式

生态系统服务之间协同与权衡关系的表现形式研究是生态系统服务管理的基础，有利于明确管理决策的最优和次优空间。权衡常常发生在小区域与大区域、短期与长期以及可逆与不可逆之间，因而可以从空间、时间和可逆性三个方面去研究生态系统服务关系的表现形式。除此之外，还可以通过生态系统服务在二维坐标中的曲线特征来表现服务间的协同与权衡关系。

（一）基于时空尺度与可逆性的划分

空间权衡指的是生态系统服务供给和需求在空间上存在一定差异，导致生态系统服务在空间上的此消彼长，即一种生态系统服务的提高会导致该区域内其他生态系统服务的降低。有研究表明，不当的生态系统管理决策是造成生态系统服务的空间权衡的主要原因。国内外有许多经典案例都可以说明。例如，美国使用大量农药化肥来提高粮食供给服务的同时，对当地水资源造成严重污染，水资源供给和水文调节服务被削弱。

时间权衡指的是由于不同生态系统服务供给和需求在时间上存在一定差异，对于刺激和干扰的反应周期不同所造成的时间上的供给权衡，即在当前与未来供给的分配关系。供给服务对管理决策的反馈迅速，调节和支持服务则因为变化缓慢而比较滞后。Vidal－Abarca 等人通过对西班牙国内河流在 1960 至 2010 年间的生态系统服务变化进行研究，发现供给服务不断增强，而生物多样性和调节服务则不断降低①；Simonit 和 Perrings 研究了巴拿马运河流域的生态系统服务变化，该区域于 1998 年开始实施森林恢复项目来调节流域径流，研究结果表明该项目使气候调节和木材供应服务得到增强②。

可逆性权衡是指生态系统服务在引起权衡的干扰因素消失后，能否恢复到原本状态的能力。当人类对生态系统的干扰过度时，生态系统服务会出现退化甚至永远不能恢复。因此，在生态系统管理决策时必须考虑生态系统的恢复性

① Vidal－Abarca M R，Suarez－ Alonso M L，Santos－Martin F，et al. Understanding complex links between fluvial ecosystems and social indicators in Spain：An ecosystem services approach［J］. Ecological Complexity，2014，20（20）：1－10.

② Simonit S，Perrings C. Bundling ecosystem services in the Panama Canal watershed［J］. Proceedings of the National Academy of Sciences of the United States of America，2013，110（23）：9326－9331.

和稳定性，人类活动不能突破生态系统服务的阈值，要在可逆与不可逆之间寻求平衡点，并且在生态系统服务遭到破坏时及时治理修复。

（二）基于生态系统服务相互作用曲线特征的划分

生态系统服务权衡关系还可以通过两种生态系统服务在二维坐标中的曲线特征来体现，分为无相互关联、直接权衡、凸权衡、凹权衡、非单调凹权衡以及反“S”形权衡六种。其中，凸曲线模型在生态系统服务管理决策中应用最为广泛，验证案例有海洋生态系统渔业供给、生物多样性保护、地产销售服务之间的权衡等。二维曲线的分类方法能够直观明了地表征生态系统服务间的关系，曲线特征能够有效表示出生态系统服务的变化特征，这为生态系统服务管理决策提供了重要的依据。但二维曲线分类方法大大简化了生态系统服务间的复杂关系，使得研究结果的精度下降，不确定性增加。另外，目前二维曲线分类方法应用还局限在两种生态系统服务的静态关系表征上，无法解释多种服务的关系，也无法体现时空变化对其关系的影响。

第二节　农业生态系统服务测评及分析——以山西太原市为例

这里以山西太原市为研究区域，以太原市 2000 年和 2018 年的遥感影像为基础数据，运用景观生态学、地理学等的相关理论和方法，在太原市土地利用类型数据的基础上分析了太原市 2000 年和 2018 年农业生态系统的生产功能、水源涵养、固碳释氧、环境净化、旅游休闲、环境污染、水资源消耗功能的价值及其时空变化，为深入分析农业生态系统服务之间的权衡与协同关系提供依据。

一、农业生态系统服务测评方法

（一）生产功能

生产功能是指农业生态系统为人类生产生活提供的农产品，包括粮食、蔬菜、水果等。其测算方法是利用不同农业类型的单位面积的农产品价格、单位面积产量及农用地面积得到。其中所用到的数据主要来源于太原市统计年鉴、国家公布的农产品价格、遥感影像数据以及实地调研数据。具体测算公式

如下：

$$V_1 = \sum S \times P \times O \quad (4\text{-}1)$$

式中，

S、P、O——为农业用地类型的面积（ha）、单价（元/kg）、产量（kg/ha）；

V_1——农业生产功能总价值。

（二）水源涵养功能

农业生态系统的水源涵养功能主要是指农田生态系统在一定的时间和空间范围内对水分的保持以及对降水的截留、拦蓄的过程和能力。目前水源涵养功能的测算方法主要有土壤蓄水能力法、降水储蓄法、综合蓄水能力法和水量平衡法。具体公式为：

$$V_2 = (e \times f + j \times l + x \times h + s \times h \times p) \times S \times C \quad (4\text{-}2)$$

式中，

C、V_2——蓄水成本（0.67 元/m^3）、涵养水源价值；

s、h、p、S——土壤容重、土壤厚度、土壤含水率（取 1370 kg/m^3、0.2 m、22.3%）、面积；

e、f、j、l、x——林冠截留率（林、草分别取 19.35%、4.1%）、降水量（450 mm）、落叶层干重、饱和吸水率、非毛管孔隙度。

（三）固碳释氧功能

农作物可以通过光合作用和呼吸作用固定大气中的二氧化碳释放氧气，对于生态环境中的大气调节具有重要作用，根据光合作用的反应方程式可知植被每积累 1 kg 的干物质，可以固定 1.63 kg 的二氧化碳，释放 1.19 kg 的氧气。通过碳税法或造林成本法计算其服务价值。

$$V_3 = 1.63 \times b_i \times p_c \times a_i \quad (4\text{-}3)$$

式中，

V_3——固碳价值；

b_i——各类农业类型的净初级生产力；

p_c——单位固碳价格（取造林成本法价格 260.9 元/t）；

a_i——农业类型面积。

$$V_4 = 1.19 \times b_i \times p_o \times a_i \quad (4\text{-}4)$$

式中，

V_4、p_o——农业生态系统释氧价值，单位释氧价格（取 376.47 元/t）；

其他同上。

（四）环境净化功能

农业生态系统中农作物、草地、林地在生长过程中通过代谢及其他作用有效地吸收、降解大气中有害气体，如 SO_2、粉尘等。当前对大气污染最严重的是 SO_2、NO_X 以及粉尘等。

$$V_5 = \sum (Q_i \times P_j \times S_i) \tag{4-5}$$

式中，

V_5——农业生态系统环境净化服务功能价值；

Q_i、P_j、S_i——第 i 类农业类型单位面积吸收污染物的量、我国治理第 j 种污染物成本以及第 i 类农业类型面积，见表 4-1。

表 4-1　各农业用地类型单位面积吸收污染物物质量（$\times 10^4$ 元 · ha^{-1} · a^{-1}）

农业用地类型	吸收污染物种类		
	吸收二氧化硫	吸收氮氧化物	粉尘
林地	291.03	215.36	44300.00
耕地	21.70	16.06	120.00
草地	45.00	33.30	940.00

（五）旅游休闲功能

农业生态系统服务中的旅游休闲功能是指人们在观光、游览农业景观过程中或参与农业生产活动中所获得的一种娱乐文化服务。目前，随着社会经济的发展及农业发展模式的转变，部分农户通过种植葡萄、草毒等农产品发展采摘园，以满足城市居民享有绿色产品的同时体验农业采摘乐趣。在此参照宋冰洁等人对旅游休闲功能的测算方法，来计算太原市农业生态系统的旅游休闲价值。具体为：

$$V_6 = a_i \times p_i \tag{4-6}$$

式中，

a_i——各类用地类型的面积；

p_i——各用地类型单位面积的旅游休闲功能价值（耕地 20 元/ha，林地 1940 元/ha，草地 6580 元/ha）。

（六）环境污染功能

随着农业的发展以及农作物对于地力的消耗，农户往往施用大量的化肥以改善土壤肥力、提高农作物的产量。但是农作物对于化肥的利用率是有限的，过量的化肥施用会导致一部分化肥残留在土壤表面，随着空气挥发及水体流动污染环境。因此，可以通过计算未利用的化肥成本来测度化肥对环境造成的污染，其计算公式如下：

$$V_7 = E_i \times F_i \times (1-t) \times h \tag{4-7}$$

式中，

V_7——第 i 种农业用地类型未利用化肥的成本；

E_i——第 i 种农业用地类型的面积；

F_i——第 i 种农业用地类型单位面积所施用的化肥量；

t——化肥利用率（35%）；

h——化肥的单价。

（七）水资源消耗

农业灌溉消耗了大量的水资源，严重引起水资源不足、地下水开采严重及地下水位下降等环境问题，影响了农业生态系统的可持续发展。在此通过测度水资源消耗成本来反映农业生态系统对水资源带来的负面影响，其计算公式如下：

$$V_8 = e_i \times w_i \times p \times r \tag{4-8}$$

式中，

V_8——各农业用地类型用水量成本；

e_i——灌溉第 i 种农业用地类型面积；

w_i——灌溉第 i 种农业类型用地单位面积的水资源量；

p——水资源的单价；

r——农业灌溉水有效利用系数（0.5）。

二、农业生态系统服务价值测评结果与分析

（一）农业生态系统服务价值的时间变化

农业类型、结构等受到人类活动的干扰，不同的农业类型下农户的生产方

式、生活习惯、农业生产规模、技术及生产结构不同，农业生态系统服务的结构、过程、功能等也会差异较大。这里依据太原市农业生态系统服务的测算模型，得到2000年、2018年太原市农业生态系统正负服务功能的价值。并根据计算结果得到2000—2018年太原市农业生态系统服务价值的变化率，见表4-2。这里根据太原市2000—2018年期间的居民消费价格指数（源自2000年及2018年太原市统计年鉴）对农业生态系统服务价值量进行了修正，以减少物价上涨对2000年以及2018年太原市农业生态系统服务价值的影响。

表4-2　2000、2018年太原市农业生态系统服务价值

生态系统服务功能	服务类型	2000年（$\times10^8$元）	2018年（$\times10^8$元）	变化率（%）
生产功能	正服务	19.22	82.92	331.43
水源涵养		0.91	0.52	−42.85
固碳释氧		29.23	17.7	−39.45
环境净化		19.13	21.29	11.29
旅游休闲		16.45	25.73	56.38
环境污染	负服务	−0.83	−3.27	293.97
水资源消耗		−0.12	−0.42	250
合计		83.99	144.47	72.01

由表4-2可以看出，2000年太原市农业生态系统服务价值为83.99×10^8元，2018年增长至144.47×10^8元，增加了72.01%。2000年和2018年太原市农业生态系统提供的各项服务功能变化表现出明显的差异。

首先，生产功能、环境净化功能、旅游休闲功能呈现增加趋势，增加幅度分别为331.43%、11.29%、56.38%，生产功能增加幅度最大。其原因主要是太原市品种结构的优化（优良品种使用率达到了90%以上、玉米新品种有15个，瓜菜、马铃薯、玉米、谷子展示示范点10个）、农业科学技术的进步以及农业机械化水平的提高（优势区与综合增产技术推广应用率达到了80%，杂粮的机械化生产水平也达到了40%以上）等，使得农作物单位面积产量逐渐增加。此外，将传统的粮食作物玉米、谷子等转变为特色农业经济作物如葡萄、苹果及花卉等，并加强农产品品牌创建等，如将山西老陈醋、清徐葡萄、小杂粮等打造为太原市的主导产业和特色产业，农产品单位面积的经济效益增加，因而使得生产功能价值不断增加。农业生态系统除了具有提供农副产品的功能外，还具有提供就业机会、生态环境调节以及旅游休闲等多种功能。自

2000 年以来，吃农家饭、住农家院、亲自采摘新鲜的蔬菜水果成为太原市人们的一种新的休闲娱乐方式。随着采摘园数量的增加和范围的扩大，农业生态系统服务的旅游休闲功能也得到了相应的提高。

2000 年、2018 年太原市水源涵养和固碳释氧服务呈下降趋势，分别减少 42.85%、39.45%。这主要是由于随着城市化的发展，传统粮食种植中化肥、灌溉、机械化耕作等投入不断增加，而粮食种植收益相对较低，无法满足农户日益增长的生活需求，为了追求更高的收入迫使大部分年轻人外流而导致农村劳动力缺失，出现了土地撂荒或者管理不善等问题。此外，由于太原市位于我国北部地区，植被较为稀疏，春季沙尘暴比较频繁，耕地土壤退化严重，耕作层变浅，使得农作物的水土保持能力降低，相应地植被的生长状况不佳，进而导致农业生态系统的水源涵养和固碳释氧服务功能也相应地降低。此外，大量的枯枝落叶在人类活动的干扰下逐渐减少，一定程度上也使得农业生态系统的水源涵养及固碳释氧服务功能减少。农业生态系统在生产过程中所带来的负服务化肥污染及水资源消耗也呈现上升趋势，其上升幅度分别为 293.97%与 250.00%。据了解，蔬菜等的种植过程中化肥量达74996 kg/ha，远远超过蔬菜种植的科学施肥标准 3000 kg/ha，化肥的过量施用导致土壤酸化、盐碱化，土壤地力下降，土壤结构破坏严重，土壤出现板结。但农户为了保持蔬菜产量的持续供给，加大化肥农药等的使用，进而导致土壤生境进入恶性循环状态。受农业转型及人们消费需求转变的影响，太原市近郊区大力发展都市农业，农作物由小麦、玉米等转变为蔬菜、花卉、水果等的种植，作物类型的转变导致水资源消耗量增加。

（二）用地类型农业生态系统服务价值

2000 年、2018 年太原市耕地、林地等提供的生态系统服务因土地利用类型的不同而不同，如图 4-1 所示。2000 年太原市的生产功能、固碳释氧功能主要由耕地来提供，林地具有良好的生态调节功能，主要提供环境净化、固碳释氧、旅游休闲服务，草地的主要功能是固碳释氧、旅游休闲功能，水域是旅游休闲功能的主要贡献者。2018 年耕地的主要功能仍然是生产功能和固碳释氧功能，其中生产功能增长幅度较大，固碳释氧服务价值有所降低。林地所提供的各项服务功能价值都有所增加，尤其环境净化功能增加幅度较大。草地的主要功能是固碳释氧功能和旅游休闲功能，其中旅游休闲功能约增长了 56.38%。草地的适度利用可以改变土壤理化性质，进而改变整个生态系统的结构、过程和功能。水域成为环境净化及旅游休闲功能的主要贡献者。

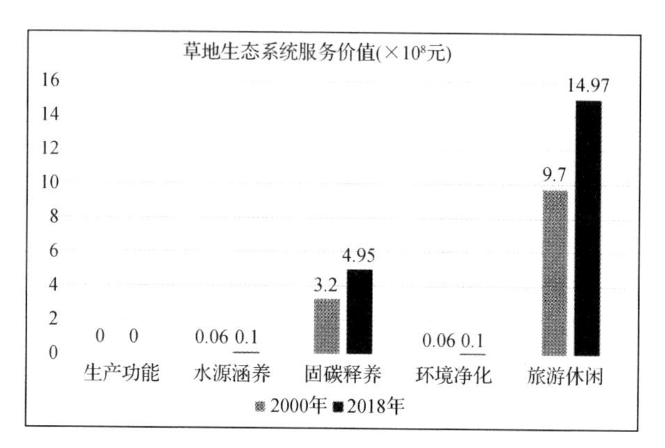

（a）草地

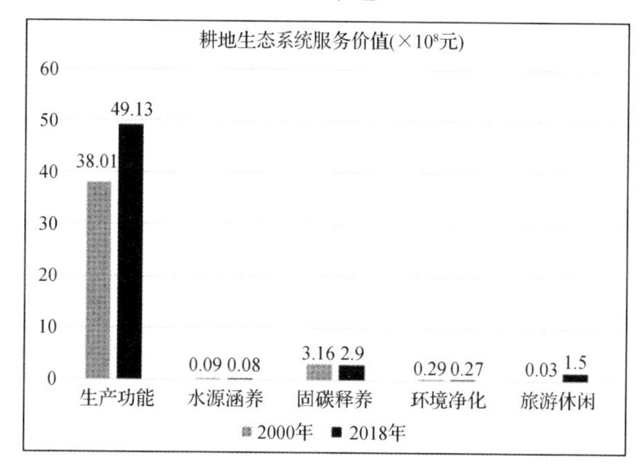

（b）耕地

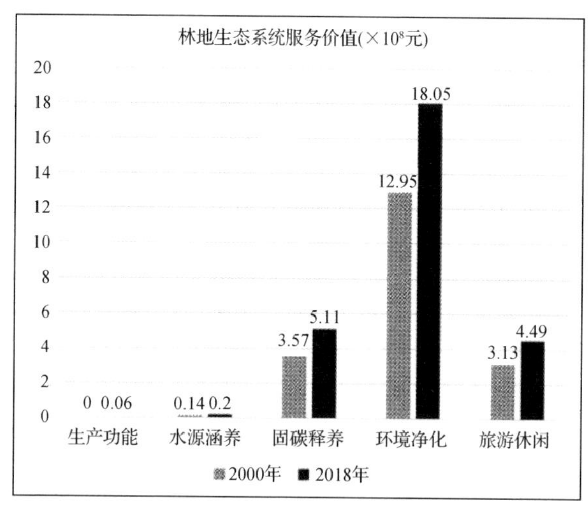

（c）林地

图 4-1　2000 年与 2018 年太原市各土地利用类型生态系统正服务价值

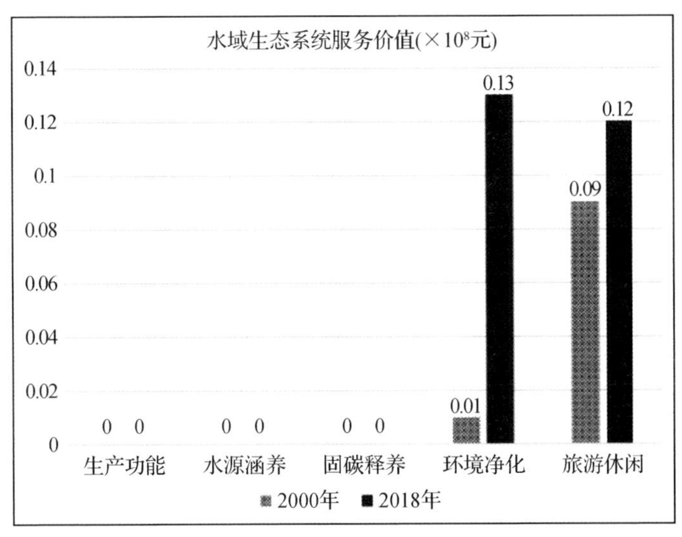

（d）水域

图 4-1（**续**）

（三）2000 年和 2018 年各区县农业生态系统服务价值

不同区县的农业生态系统服务差别显著，见表 4-3，其中，2000 年太原市农业生态系统服务价值的高值区主要集中在阳曲县、古交市、娄烦县，水源涵养、固碳释氧、环境净化等服务功能对生态环境的贡献较大。这主要是由于这些地区土地面积相对较大，耕地面积广布，粮食产量相对较高；此外，森林资源丰富，分布有大面积的林地，具有良好的调节功能。2018 年农业生态系统服务价值的高值区主要集中在阳曲县、清徐县、古交市，其中，农业生态系统服务价值增加幅度最大的是清徐县，增长了 293.45%。而且，清徐县的生产功能以及旅游休闲价值增长率最高，对生态系统服务价值增长率贡献最大。近年来清徐县大力发展旅游观光农业，兴建了大面积的葡萄采摘园，目前葡萄种植面积达 5 万多亩，品种达 160 多种，为太原市区及附近人们提供田园生活体验活动，满足了城市居民走出城市、回归自然、享受田园生活的多层次、多元化的心理需求。迎泽区、小店区等为太原市的主城区，为太原市的行政、经济、商业中心，城市化水平较高，农业景观分布少，因此，农业生态系统服务价值相对较低。以上研究说明区域农业种植类型、城市化发展水平影响着土地利用类型，决定了区域农业生态系统服务价值的高低及景观分布格局。

从农业生态系统负服务价值表 4-4 中可以看出迎泽区、万柏林区、杏花岭区的化肥污染状况及水资源消耗量减少。其主要是由于随着城市化的发展，大量的农业用地类型转变为了建设用地，而城市核心区的公园、行道树等绿色植被对于化肥及水资源的消耗量较少。化肥污染程度及水资源消耗较大的地区主要集中在阳曲县、娄烦县、古交市等地区，这些地区是太原市重要的蔬菜种植基地，受政府政策及农业现代化技术的推广，目前形成了阳曲县旱地蔬菜片区、娄烦南川河蔬菜片区等。蔬菜的大面积种植对于化肥及水资源的需求量增加，进而导致农业生产过程中化肥的污染加剧、水资源的耗损量增加。

表 4-3　各区县农业生态系统正服务价值表（单位：百万元）

区县	2000 年					2018 年				
	生产功能	固碳释氧	水源涵养	环境净化	旅游休闲	生产功能	固碳释氧	水源涵养	环境净化	旅游休闲
迎泽区	231.63	306.68	8.31	54.22	36.45	0	67.31	1.88	40.93	82.11
小店区	298	378.17	10.19	39.73	17.80	1910.38	77.72	2.13	22.07	84.80
万柏林	345.63	489.69	13.51	169.19	96.32	0	112.82	3.43	159.02	144.54
晋源区	185.47	275.26	7.73	139.10	68.95	1432.78	114.37	3.41	129.98	137.24
杏花岭	117.59	159.13	4.33	37.45	25.69	1576.28	72.98	2.11	63.78	87.34
尖草坪	114.91	161.44	4.36	42.73	43.79	3108.83	103.87	3.02	101.62	130.95
清徐县	320.91	432.60	11.65	71.58	72.37	2149.27	155.52	4.25	68.93	239.37
阳曲县	156.49	160.16	14.14	688.59	392.23	1798.97	450.78	14.51	865.88	572.04
古交市	98.48	381.35	9.42	392.81	404.88	1013.30	331.96	9.43	382.91	530.31
娄烦县	53.07	178.80	7.41	277.92	486.16	0	282.84	7.52	294.48	564.47

表 4-4　各区县农业生态系统负服务价值表（单位：百万元）

区县	2000 年		2018 年		—	—
	环境污染	水资源消耗	环境污染	水资源消耗	环境污染变化率（%）	水资源消耗变化率（%）
迎泽区	10.03	1.29	—	—	−100.00	−100.00
小店区	12.91	1.66	47.30	6.06	266.38	265.06
万柏林	14.98	1.92	—	—	−100.00	−100.00
晋源区	8.04	1.03	35.48	4.55	341.29	341.74
杏花岭	5.10	0.65	—	—	−100.00	−100.00
尖草坪	4.98	0.64	39.03	5.00	983.73	681.25
清徐县	13.91	1.78	78.36	10.05	463.34	464.61

续表

区县	2000年		2018年		—	—
	环境污染	水资源消耗	环境污染	水资源消耗	环境污染变化率（%）	水资源消耗变化率（%）
阳曲县	6.78	0.87	54.22	6.95	699.71	698.85
古交市	4.27	0.55	46.04	5.90	978.22	972.72
娄烦县	2.30	0.29	26.73	3.43	1062.00	1082.00

（四）农业生态系统服务的空间差异

农业生态系统是在人为控制下利用土地、阳光、热量等自然要素形成的提供农产品集约化的自然—人工生态系统。不同的人类行为对农业生态系统所产生的影响不同，进而生态系统对人类行为的响应也不同。农业生态系统具有空间异质性，因此，不同区域的农业生态系统服务价值的空间分布具有差异。

通常，农业景观的水源涵养功能较好的是林地，其次为耕地，次之为园地及草地等，所以近年来随着太原市耕地面积的减少及园地、菜地、花卉等面积的扩大，农业生态系统的水源涵养功能呈现降低的趋势。此外，人们在农作物种植过程中为了追求更高的农产品供给功能而施用大量的化肥、农药，再加上大量废弃物及污染物的排放，导致农业生态系统的物种多样性及生态系统功能退化，进而影响到农业生态系统的水源涵养等支持服务功能，危及人类福祉。因此，在农业发展过程中要合理调整农业用地的类型，权衡不同生态系统服务功能之间的关系，对于缓解城市化、工业化发展对于农业生态系统服务功能所造成的压力以及提升人类福祉具有重要意义。

城市耕地、林地、园地等绿色植被是城市绿化建设中重要的组成部分，也是城市生态系统中的植被净初级生产力指数的主要提供者，作为城市天然的绿色屏障，具有固碳释氧、增加空气湿度、降温、防风、净化空气、减弱噪音等生态效应。其中，林地的固碳释氧功能较其他用地类型要强，其原因可能是林区的反照率较低，植被覆盖率和叶面积指数较高，最大蒸腾量比大多数灌木和草地生态系统的比率高。从植物叶片中释放出来的氧气及水蒸气等，在调节温度和湿度、改善气候环境方面有极大的作用，进而使得居民受益。绿色植物可通过光合作用维护城市的碳氧平衡，减轻城市大气污染，改善城市小气候环境。

环境净化功能的高值区主要为森林植被比较茂密的地区，如油松、杨树及刺槐等树种分布均匀，灌木林如沙棘、荆条、黄刺玫等覆盖度较高的地区。树叶表面粗糙不平、多绒毛、能分泌黏性油脂和叶液，可以吸附、黏着大量的粉尘，而且植物在进行光合作用时，气孔会打开，可以吸收空气中的病毒、粉尘等以达到净化空气的作用。所以，森林就如同一道天然的屏障，将风沙滞留在植被之间，因而在吸收、过滤大气污染物（如二氧化硫、氮氧化物、粉尘、重金属）以及阻隔、降低噪音等方面具有显著的优势。

随着城市化的快速发展，土地利用方式以及土地覆被类型不断发生变化，城市建设不断加快，规模不断扩大，导致碳密度较高的耕地、林地等用地类型转变为碳密度较低的城市建设用地，使得生态系统碳储量整体呈现减少状态。由于城市化的快速推进，农业生产技术水平不断地提高、水热条件相对较好，农业种植类型的快速转变也使得固碳释氧的能力降低。此外，一定程度上的景观破碎化也会影响区域单位面积固碳释氧的价值，表明区域固碳释氧的能力与土地利用覆被类型、景观格局、水热条件以及人类活动密切相关。但近些年，一方面由于农户对环境的关注度提高，开始广泛使用高效肥、低残留农药，对于秸秆也由“不敢烧”变为“不愿烧”；另一方面是政府对农药面源污染加强治理的结果。随着可持续发展理念的不断深入，政府大力推广循环农业技术，开展免耕、秸秆还田、测土配方均衡施肥等措施，以促进农业废弃物的资源化利用。此外，部分地方还大力实施了农村污水治理工程，在村镇建立了完备的污水管网排放系统、污水循环利用处理系统，以改善村镇的环境面貌。对垃圾的处理也很重视，在地方农村普遍建立了垃圾收集和处理体系，每家每户做到垃圾分类，由所在乡村统一收集，然后再由乡村统一运往县城，县城再统一回收处理。这些举措为村民提供了一个清洁的生活家园，对于生态环境的改善也起到一定的作用。

在城镇化快速发展以及农业结构转型的背景下，农业发展迅速，特别是观光农业、采摘园的兴起，农业生态系统除了能够满足人们的物质需求外，还可以为人们提供追求较高层次的精神文化享受的机会，一定程度上促进了生态系统旅游休闲服务功能的增加。尤其是在城市近郊地区耕地的生产功能相对于传统的农业地区较弱，耕地的主要功能为生态功能、休闲娱乐、文化传承等功能。根据马斯洛的“需求层次理论”，随着时间推进、社会需求的发展，人们的需求主次以及需求的广度会发生变化。当人类处在追求基本物质需求阶段，对耕地的认识主要停留在其粮食生产以及粮食安全功能方面。随着人们生存需求得到满足，耕地的生态功能以及旅游休闲功能逐渐被人们发现，其功能逐渐演变为更高层次的满足人们精神文化需求的功能。所以，随着城市化水平的提高以及在人们的基本物质需求得到满足的前提下，农业结构类型应及时转变，

坚持农旅结合，以农促旅、以旅强农，以促进生态农业、旅游休闲农业、都市农业等现代农业的快速发展。

第三节 农业生态系统服务权衡与协同关系

农业生态系统服务间的关系主要表现为权衡和协同关系，其主要是不同的利益相关者对于生态系统服务的侧重点不同，进而导致生态系统服务功能之间的相关关系发生了变化。此外，我国资源型城市工业化发展及城市化进程的加快，在带动经济增长的同时，也给生态环境尤其是与人类福祉息息相关的农业生态系统带来了严重的消极影响。因此，理解农业生态系统正负服务功能之间的相互作用关系对于合理调控农业生态系统服务以完善自然资源评估、改善生态环境以及提升人类福祉，促进经济—社会—生态系统的可持续发展具有重要意义。

一、农业生态系统服务权衡与协同关系的时间变化

同样地，以太原市 2000 年及 2018 年农业生态系统服务价值数据为基础数据，运用 SPSS 相关性分析得到 2000 年、2018 年太原市各生态系统服务之间的相关关系。其结果见表 4-5、表 4-6。

表 4-5 2000 年太原市农业生态系统服务相关性①

—	生产功能	水源涵养	固碳释氧	环境净化	旅游休闲	环境污染	水资源消耗
生产功能	1	0.789 * *	0.593 * *	−0.338 * *	−0.577	1 * *	1 * *
水源涵养	0.789 * *	1	0.565 * *	0.224 * *	0.242	0.789 * *	0.789 * *
固碳释氧	0.593 * *	0.993 * *	1	0.54	0.258	0.593	0.593
环境净化	−0.338 * *	0.941 * *	0.54 * *	1	0.816 * *	−0.339	−0.338
旅游休闲	−0.577	0.242 * *	0.258 * *	0.816 * *	1	−0.577	0.578
环境污染	1 * *	0.789 * *	0.593	0.339	0.577	1	1
水资源消耗	1 * *	0.789 * *	0.593	−0.338	−0.578	1	2

注：* * 表示在 0.01 水平（双侧）上显著相关，* 表示在 0.05 水平（单侧）上显著

① 任婷婷. 太原市农业生态系统服务权衡与协同关系研究 [D]. 西安：陕西师范大学，2019.

相关。

表 4-6　2018 年太原市农业生态系统服务相关性①

—	生产功能	水源涵养	固碳释氧	环境净化	旅游休闲	环境污染	水资源消耗
生产功能	1	0.412 * *	0.402 * *	−0.338 * *	−0.577	1 * *	1 * *
水源涵养	0.412 * *	1	0.993 * *	0.224 * *	0.242	0.789 * *	0.789 * *
固碳释氧	0.402 * *	0.565 * *	1	0.54	0.258	0.593	0.593
环境净化	−0.283 * *	0.224 * *	0.972 * *	1	0.816 * *	−0.339	−0.338
旅游休闲	0.363 * *	0.955 * *	0.925 * *	0.816 * *	1	−0.577	0.578
环境污染	1	0.427	0.415	0.339	0.577	1	1
水资源消耗	1	0.427	0.415	−0.338	−0.578	1	2

注：* * 表示在 0.01 水平（双侧）上显著相关，* 表示在 0.05 水平（单侧）上显著相关。

根据表 4-5、4-6 计算出的 7 个生态系统服务之间的相关性系数，利用饼状图来直观地表示太原市农业生态系统之间的相关性。其中，黑色饼图为正相关，白色饼图为负相关，饼状图填充面积的大小表示相关性系数绝对值的大小，若两变量间为正相关，饼状图沿 3 点钟顺时针方向填充，负相关则沿逆时针方向填充，由此得出 2000 年与 2018 年太原市农业生态系统之间相关性饼状图，如图 4-2、4-3 所示。

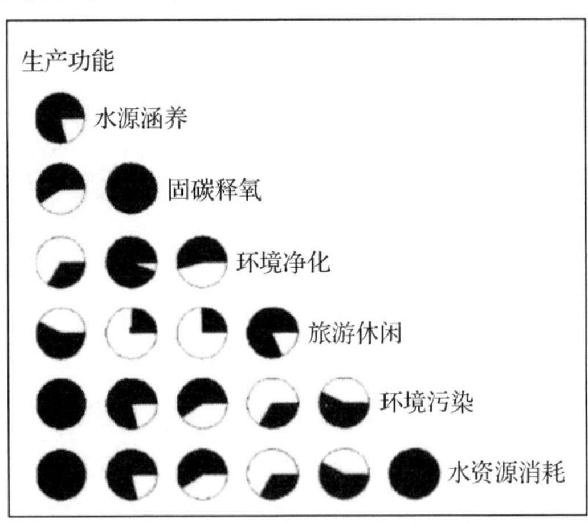

图 4-2　2000 年太原市农业生态系统服务功能之间的相关性

① 任婷婷．太原市农业生态系统服务权衡与协同关系研究［D］．西安：陕西师范大学，2019.

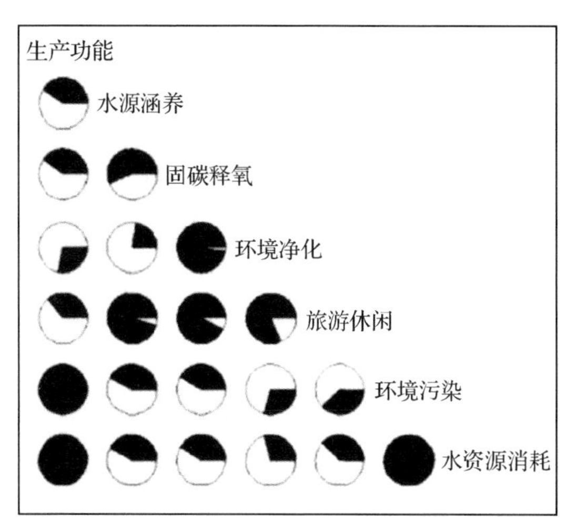

图 4-3　2018 年太原市农业生态系统服务功能之间的相关性

通过对比 2000 年与 2018 年太原市各生态系统服务功能之间的相关性系数（表 4-5～表 4-6，图 4-2～图 4-3），可以发现 2000 年与 2018 年太原市各农业生态系统服务功能之间的相关程度不同。

其中，与 2000 年相比，2018 年太原市水源涵养与固碳释氧功能之间一直保持协同关系，但是二者的相关系数由 0.993 减至 0.565，表明水源涵养功能与固碳释氧之间的协同关系减弱。其原因是 2000 年太原市绿色植被覆盖度较高，繁密的绿色植被及枯枝落叶可以增加地表的粗糙度，进而增加地表径流的阻滞和截留作用，使得水源涵养量增加，从而使得农作物可以利用更多的水分以促进自身生长。此外，在植物的蒸腾作用下，根系将吸收的水分通过导管输送到植物叶表面，从而有利于植被在光合作用下固定二氧化碳，释放氧气，以提高农业生态系统的整个固碳释氧过程。另外，人们往往会清理田间的枯枝落叶及其他农业废弃物。因此，人类的活动减弱了枯枝落叶层等对于水源的阻滞、截留作用，使得农业生态系统涵养水源以及固碳释氧功能之间的协同能力有所降低。

生产功能与水源涵养之间的协同关系也有所降低，随着农业技术的改进、农业种植方式的转变，以及农户种植时对于优质品种的选择，农业生态系统的生产功能增长较快。随着环保意识及政府政策的影响，农户们将田间的秸秆打捆回收利用，将秸秆加工成饲料来喂养牲畜。此外，为了营造美好整洁的农村环境，农户们会集中清理枯枝落叶。因此，农村环境整治及农户行为的转变导致农业生态系统生产功能提高的同时使得水源涵养功能降低，二者的协同关系减弱。

生产功能和固碳释氧功能之间的相关系数从2000年的0.593减少至2018年的0.402，二者之间的相关协同程度降低，这主要是由于城市建设用地的增加导致农作物耕种面积减少、土壤保持功能降低，虽然种植技术的改进及化肥农药的施用有利于提升单位面积的农作物产量，但化肥施用强度的增大，使得农业碳排放的增长率超过了碳固定的增长率，因而随着农作物产量的增加，农作物的碳固定功能呈现缓慢的下降趋势，即二者之间的协同关系减弱。此外，不同的土地利用方式在改变农业景观类型的同时，也会对土壤碳收支产生重要影响，进而影响整个农业生态系统的碳源和碳汇过程。

2000—2018年，农业生产功能与旅游休闲功能之间的相关性系数由负数变为正数，即二者之间由微弱的权衡关系变为协同关系。2000年太原市农业生态系统生产功能与休闲功能之间的相关系数为负数，两者之间呈权衡关系，其原因可能是农家乐的增加以及观光农业的兴起，年接待旅游人数大幅度增长，人们在享受农产品采摘乐趣的同时，对农作物的保护意识较差，破坏了农业景观原有的生态结构，进而影响到农业生产的过程及功能。此外，休闲农业刚刚兴起，大部分旅游休闲农业的基础设施不完整、管理体系不完整，因此，农业观光的人数相对较少，对农业景观所提供的旅游休闲功能需求较低。2018年太原市农业生态系统生产功能与旅游休闲功能之间的相关关系由负数转变为正数，其原因主要是农业的生产功能为其旅游休闲功能提供了物质基础，而旅游休闲功能则反过来为其生产功能的持续增加提供了经济保障。太原市受农业转型的影响，大部分传统粮食作物种植区转变为蔬菜、瓜果、花卉等美学功能及经济功能均较强的作物，而且旅游休闲农业的建设体系不断完善。所获得的农产品不仅可以直接销售获得经济价值，也可以将其采摘体验转变为经济收益，提升了农作物种植的整体经济效益，并吸引了一部分农户回流到农村从事农业劳作。

权衡关系主要表现在生产功能与环境净化功能之间，这主要是由于耕地受人类活动的影响较大，农作物的种植具有周期性，作物的根系较浅，不利于土壤养分保持。为了保持农作物产量的持续供给，农户们在生产过程中大量使用化肥、农药等，进而导致农业生态系统环境净化功能的降低。此外，二者的相关程度均较弱，主要是由于农作物的主要功能是供给功能，对于SO_2、氮氧化物等有害气体和粉尘的吸附能力较弱，因此，农产品生产功能的变化对环境净化的影响很小。

2000年及2018年，太原市农业生态系统的生产功能与环境污染及水资源消耗之间为正相关，表明农业生产功能与环境污染及水资源消耗之间为协同关

系。这主要是由于虽然化肥及农业灌溉用水的增加可以促使农作物的产量增多，但是农业种植过程中化肥、农药等的大量使用以及禽畜粪便等，使得氮素、磷素等营养物质以及农药中的各种无机物成分通过农田灌溉或者降水等形式渗入土壤或者地表水、地下水中，给农田生态系统带来严重的面源污染。此外，农业结构中粮食作物和经济作物的种植比例、农业基础设施等也可能对生态环境造成污染。因此，生产功能与环境污染及水资源消耗之间的相关系数为负数。

协同关系出现在环境污染及水资源消耗与固碳释氧及水源涵养功能之间，其原因主要是化肥的施用及农业灌溉用水的增加可以促进农作物健康生长，繁茂的枝叶可以增进农作物的固碳释氧及水源涵养功能。此外，旅游休闲与固碳释氧功能及水源涵养功能之间相关性均增强，表明旅游休闲功能与水源涵养及固碳释氧功能之间协同度增加。其主要是受到农业种植结构和人口规模变化等因素的影响，如清徐县、阳曲县、娄烦县、古交市等地区以市场需求为导向，建立了太太路沿线蔬菜片区、清徐柳社蔬菜片区、阳曲旱地蔬菜片区等，并不断完善蔬菜基础设施建设、推广和普及蔬菜种植技术等，大大提高了蔬菜产量以及农户的收入，并为人们提供了更多的蔬菜采摘机会。

二、农业生态系统服务权衡与协同关系的空间分布格局

由于农业生态系统服务具有区域异质性，不同区域因种植类型、耕作方式、机械化水平以及农业景观格局、生物多样性等的不同，使得不同区域农业生态系统服务之间的权衡与协同关系具有区域差异。空间热点分析方法可以识别到生态系统服务的高值区，因此，利用 Arc GIS 中的热点分析统计工具，得到 2000 年和 2018 年太原市各生态系统服务的热点分布图，然后将生态系统正服务的高值区经过叠加分析得到多重生态系统分布图。其中，将太原市各项农业生态系统正服务的平均值设为标准值，热点区范围为高于平均值的区域，冷点区范围为低于平均值的区域，图例中的数字表示高于某生态系统服务平均值的功能数量。

从 2000 年太原市农业生态系统各服务功能热点图可以看出，生产功能热点区域主要集中在东部的平原地区，主要是由于平原地区耕地面积广布，具有较高的粮食产出能力；固碳释氧功能热点区与水源涵养热点区域大致一样，而且二者的分布范围很广，可能是由于其内在物质、能量等循环过程机理具有一致性，固碳释氧功能与水源涵养功能之间具有协同关系。环境净化功能热点区

域主要分布在东部的阳曲县、清徐县，其次为西部地区的娄烦县。古交市的环境净化功能相对较弱，其原因可能是阳曲县、清徐县以及娄烦县的林地或者耕地面积分布较为集中，而古交市农业景观斑块密度较大，林地、耕地等不同景观类型交错复杂，景观破碎化严重，进而削弱了农业景观的环境净化功能。旅游休闲功能热点区主要分布在娄烦县的大部分地区、古交市的部分地区以及阳曲县的东部地区。其原因可能是娄烦县、古交市以及阳曲东部地区分布有大面积的森林，且当地的旅游资源较为丰富、知名度也较高。如娄烦县的3A景区汾河水库以及云顶山旅游区、阳曲县的青龙古镇、悬泉寺等，丰富的森林资源及旅游资源使得该地区的旅游休闲功能价值较高。

对于2000年太原市农业生态系统负服务而言，环境污染功能热点区分布格局与水资源消耗热点图分布格局大致一致，主要分布在太原市近郊区及太原市周边区县的农作物种植区。由于农作物种植面积较大且土地肥力较低，为了保持农产品的高产量，因此农户在种植过程中往往施用的化肥量较多，过量的化肥难以被农作物完全吸收，进而造成化肥面源污染问题。此外，太原市为温带季风气候，年均降水量为500 mm左右，难以满足作物的生长需求，所以耕地分布区需要大量的农业灌溉用水（50元/年）以保证作物产量。因此，化肥污染及水资源消耗热点图空间分布格局具有一致性，而且这两种服务类型之间具有空间协同关系。

从2018年太原市农业生态系统各服务功能热点图可以看出，生产功能的热点区主要集中在太原市的北部和南部，与2000年相比，生产功能热点区范围缩小，其原因主要是城市建成区范围的扩张，使得大量的耕地面积转变为建设用地。固碳释氧功能的热点区范围及水源涵养功能的热点区范围也均有所减少，主要分布在阳曲县的东部地区及娄烦县及古交市部分地区。这些地区的林地面积较大，说明森林是提供固碳释氧功能及水源涵养功能的主要土地利用类型。受土地利用变化及农业转型的影响，环境净化功能热点区范围有所减小。其次，变化最明显的是旅游休闲功能热点区，与2000年相比，太原市南部地区的清徐县旅游休闲功能价值增长明显。其原因是自2000年以来，清徐县着力构建了汾河流域都市农业园区，兴建了葡萄文化博览园、西山生态旅游区，并开展葡萄采摘、山西老陈醋等特色农业活动，吸引了大量的游客采摘、观赏，使得清徐县的旅游休闲功能价值提高。此外，太原市建设了覆盖农产品生产、加工、运输、销售全过程的运输网络，完善了农产品流通体系建设，从而进一步刺激了都市农业的发展。

对于2018年太原市农业生态系统负服务而言，环境污染功能热点区分布

格局与水资源消耗热点图分布格局也大致一致，但与 2000 年相比，其空间分布情况则相差较大。2018 年环境污染及水资源消耗功能热点区主要分布在晋源区南部、清徐县、古交市、阳曲县及娄烦县部分，其空间分布状况变化的原因主要随着城市化发展及人们对于农产品消费需求的改变，农业种植类型发生转变，大部分农户由传统的粮食作物种植模式转变为蔬菜、水果等都市农作物种植模式，相应地化肥和水资源的消耗量（70 元/年）也有所增加。娄烦县由于距太原市较远，而且地形崎岖，多群山环绕，农业发展较慢，所以环境污染及水资源消耗热点区面积较小。

经过上述分析可以发现，除旅游服务功能热点区之外的其他服务功能热点区面积减小，太原市旅游休闲服务功能热点区增加且主要分布在离太原市主城区较近的清徐县，其他的服务功能热点区面积呈现减小的趋势，环境污染及水资源消耗功能热点区空间分布差异较大，主要是受到农业转型及人类活动的影响。

从 2000 年太原市多重农业生态系统服务热点图可以看出太原市建成区多为建设用地，公园、草地等面积相对较小，生态系统服务功能较差，故为生态系统服务的冷点区。建成区北部及南部地区为多重生态系统服务供给热点区，其原因可能是该地区地势相对平坦，以耕地种植为主，是太原市主要的粮食产出区。此外，农作物通过光合作用来固碳释氧，农作物种植面积越大，就有越多的叶面积进行光合作用，固碳释氧的能力也就越高。再加上农作物的固碳释氧功能与水源涵养功能具有一定的协同作用关系，因而其水源涵养的能力也较强，故为多重服务供给的热点区。此外，娄烦县、古交市是多重服务供给的次热点区，而且热点区分布区域相对比较零散，其分布走向主要沿山脊线蔓延。其原因主要是该地区地势相对较高，森林资源占整个区域面积的比重较大，达到 37.01，而林地对于粉尘、颗粒物等污染物的吸附能力要比耕地高，因而其环境净化功能也较高；此外，除了依托当地的地形、气候以及土壤质地种植大量农作物如玉米、高粱、小麦、马铃薯、胡麻、油料等，还具有丰富的旅游资源。因此娄烦县也为多重服务供给的热点区。

从 2018 年太原市农业生态系统多重正服务功能热点图可以看出其分布格局与 2000 年不同，其热点区范围有所减少，而冷点区范围随之扩大。太原市的中部地区是城市建成区，城市化的发展使得建成区范围不断扩大，因而冷点区的范围也不断扩大。中心城区附近地区为服务功能的热点区，其原因主要是由于受到城市居民需求及农业结构类型转变的影响，大量的农户由传统的粮食作物种植转变为蔬菜、瓜果种植，如清徐县大面积种植葡萄，并开展了大量的葡萄采摘等休闲农业体验活动。此外，太原市农田水利设施的建设也可能促进生态系统服务功能热点区的扩展，如在丘陵干旱地区新建雨水集蓄利用工程500处，旱井水窖5000眼，新建、更新改造小泵站、桥、涵、闸等小型水利设施400处，发展灌溉面积1000公顷，有效地提高了农业灌溉用水的利用率。古交市的热点区范围相对于2000年也有所增加，一方面可能是由于古交市恢复矿区生态和旅游度假区的建设；另一方面，随着农业生产的发展以及平衡施肥技术的推广，古交市在合理施用氮、磷、钾肥的基础上科学合理地施用有机肥，并积极引起测土配方施肥技术，根据不同的土壤质地、土壤类别、农作物的品种以及苗木生长情况而施肥，有效地改善了土壤结构，提高了土壤肥力及其涵养水源、保持水土的能力。

通过以上分析可以看出，从2000年到2018年太原市城市扩建以及农业结构转型、农业种植方式转变等对农业生态系统各服务功能产生了重要影响，使得各生态系统服务功能间的权衡关系更加突出，其热点区域相应地也大幅度减少。因此，调整农业种植结构及生产方式，协调各生态系统服务功能的协同权衡关系，对于促进区域经济—社会—生态等系统的可持续发展具有重要意义。

三、农业生态系统服务权衡关系影响机制分析

农业生态系统服务权衡关系变化的影响机制指的是促使生态系统服务之间发生相互作用的力量，使得生态系统服务间产生权衡或者协同关系，包括自然因素、人为因素、社会经济因素等。其表现形式受到服务间的共同驱动因子以及生态系统服务之间的相互作用力的影响。共同驱动因子主要是指生态系统服务所在地区的地形、气温、降水、地质灾害以及当地的政府政策、人类活动以及人们的行为习惯等。当其中的两种或者两种以上的共同驱动因子发生作用时，就会使得生态系统服务的结构、过程、功能、能量等发生改变，进而使得某些生态系统服务组合之间呈现协同关系，而对于其他生态系统服务功能组合而言，则可能呈现权衡关系或者微弱的协同关系。

农业生态系统服务价值的改变与城市化的发展、人类活动及自然、社会经济等因素密切相关。一方面，大量的人口涌入城市导致人们对于城市范围内的农产品的需求量增加。此外，人们的消费观念及需求观念的改变使得大量的农产品由传统的粮食作物种植转变为蔬菜、水果、花卉等，使得都市农业结构、农业景观格局等发生变化，进而影响农业生态系统服务的价值；另一方面，随着城市化的发展，大量的耕地面积转变为城市用地、交通用地及基础设施用地

等，尤其是交通网络的发展与延伸的影响，农业景观破碎化严重、连通度降低，严重阻碍了生态系统物质、能量、信息间的循环与流动。此外，自然环境也会对农业生态系统服务产生重大影响。气温的升高或者降水的增加以及大气状况的改变会影响到物种的分布、动植物种群的数量、动物的繁殖和迁移以及病虫害的发生等，进而影响生态系统结构、过程和功能。如大气中 CO_2 浓度的增加以及温度的升高会使得植物的光合作用速率增强，促使绿色植物可以固定更多的碳化物，从而可以提高生态系统的净初级生产力。除了自然因素的影响外，人类活动以及自然、社会经济因素对生态系统影响的效果更为显著。生态系统可以为人类提供食物、纤维、燃料，也可以起到调节气候、吸纳废弃物以及美学文化功能，人们对于生态系统服务的变化及从中所获得的效益的评价将会改变人们的土地利用决策，如木材的缺乏以及土壤侵蚀程度的增加将促使人们加强森林建设以满足其理想的社会生态条件。农户的生计方式以及消费者需求的改变也会引起生态系统的物质循环及服务功能发生改变。一些社会经济活动也会改变生态系统服务功能，如部分农户为获得更高的收入而由传统的农作物种植转向工业种植，使得当地的土壤质量及水质状况变差，农田的生产力下降。

随着城市化的发展使得建设用地的面积不断扩大，以及人们对于农产品的多样化需求的增加，使得整个生态系统服务功能发生了巨大的改变，人为干扰强度也呈现不断加强的趋势。因此，研究农业生态系统服务权衡与协同关系变化的影响因子对于有效管理农业生态系统服务，促进生态系统的优化以及满足人类日益增长的物质文化需求，进而实现生态系统与人类社会系统的协调发展具有重要意义。权衡与协同关系变化主要是受到人类社会自身的需求和价值理论的影响所引起的，是人类行为、社会因素、经济条件、生计方式等多方面影响下的产物，而短期内的气温、降水、土壤、坡度等自然因素很难对生态系统服务间的关系产生影响。

（一）城市化与生态系统服务耦合关系机制

随着经济的发展、城市规模的扩大及人们生活水平的提高，使得土地利用方式及景观格局变化剧烈，导致景观斑块数量增加，景观破碎化严重，进而导致生态系统的结构、过程、功能等发生改变，影响了物质、能量、信息间的循环流动。因而，生态系统各服务功能之间的相互作用关系也发生了变化。城市化与生态系统之间相互作用影响，其耦合关系机制如图 4-4 所示。

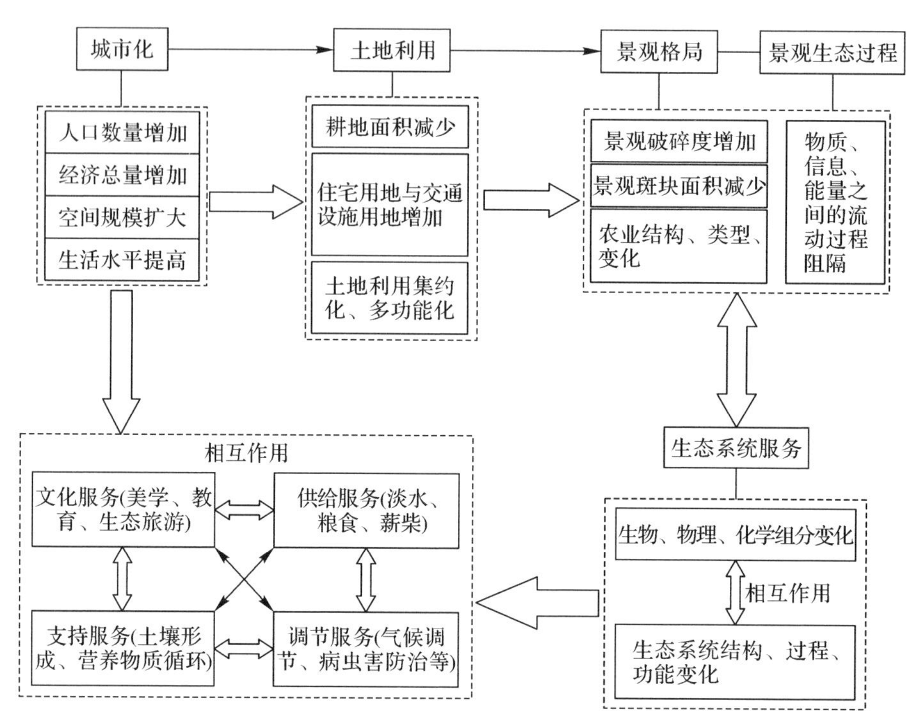

图 4-4 城市化与生态系统耦合关系图

（二）人为影响因素驱动力

为了深入研究人类干扰对于太原市农业生态系统服务价值的影响，在此参照严恩萍等研究成果的基础上通过计算太原市各景观类型的人为影响综合指数（HAI），然后利用 ArcGIS 软件得到太原市 2000 年、2018 年人为干扰程度分布图。

$$\mathrm{HAI}=\frac{\sum_{i=1}^{n} A_i S_i}{\mathrm{TA}} \tag{4-9}$$

式中，

HAI——人为影响综合指数；

n——研究区不同景观类型的数量；

A_i——第 i 种景观的面积；

S_i——第 i 种景观的人为影响强度系数；

TA——景观总面积。

其中，S_i 是 Lohani 法与德尔菲法（Delphi）所确定的人为影响强度系数

的平均值（表 4-7）。

表 4-7 各景观类型人为影响强度系数

计算方法	耕地	林地	草地	水域	建设用地
Lohani 法	0.57	0.12	0.11	0.08	0.96
Delphi 法	0.65	0.13	0.12	0.06	0.92
人为影响强度系数	0.61	0.13	0.11	0.07	0.94

通过 Arc GIS10.2 对人为影响综合指数（HAI）进行聚类分析，可以将人为影响分为 5 类（低度影响、较低影响、中度影响、较高影响以及高度影响），并以此为基础分析太原市 2000—2018 年人为干扰强度的空间变化。

由 2000 年及 2018 年太原市人为影响干扰分布图可以看出，太原市西部地区以及阳曲县东部地区以低度及较低度影响为主，清徐县以及阳曲县南部地区以中度影响为主，而城市建成区主要以高度影响为主。从土地利用类型来看，人们对建设用地干扰程度最大，其次为耕地、林地、草地及水域，离城市中心越远，人为干扰影响越小。此外，研究区范围内的人为干扰影响变化不大，最明显的区域集中在清徐县西部地区，呈带状分布。总体来看，高强度影响区域以及低强度影响区域的范围都有所增加。其中，高强度影响区域增加的范围与建成区扩张趋势具有空间一致性，主要分布在汾河两岸地区。而低度影响区域范围的增加主要受到国家退耕还林（草）政策的影响，阳曲县西部地区以及古交市北部地区部分耕地转变为林地，该地区地形相对复杂，人口密度低，交通闭塞，人为干扰程度较低，所以对生态系统服务的干扰也较小。

将 2018 年与 2000 年太原市人为干扰影响分布图对比分析可以看出，2018 年太原市的人为干扰影响的程度有所减少。其原因主要是太原市对天然林区实行了重点保护，同时增加了林地及草地的覆盖率，扩大了天然林区的封禁面积；对于重点保护区的治理也提出了相应管理，在保证农业基本建设的同时，将坡度大于 250 的坡耕地退耕还林为草地。此外，太原市加强了娄烦县、阳曲县、清徐县等水土流失治理工程，提高了区域水土保持功能。由此可以发现人类活动对于生态系统的干扰程度与地形、经济发展水平、人口密度以及政府政策等密切相关。

（三）社会经济影响因素指标体系的建立

生态系统服务权衡与协同关系除了人类活动的干扰外，还受到区域自然、社会经济等多个因素的共同影响。由于这里的研究内容较少，区域内自然条件相对稳定，对农业生态系统各服务功能之间的权衡与协同关系影响较低，因此，这里可以从社会经济条件方面选取相关影响因子以构建2000—2018年太原市农业生态系统服务价值变化的驱动因子指标体系，见表4-8。其中，人口密度反映了各区县人口分布状况，会影响区域农业生态系统服务的偏好选择以及服务功能的集聚等，进而改变区域生态系统服务功能之间的关系。城市建设用地的扩建以及相关绿色基础设施的建设会影响土地利用类型及景观格局，进而影响到农业生态系统的物质循环、能量流动、生物地球化学循环等生态过程，导致农业生态系统服务价值发生变化。经济因子如GDP、第一产业产值、第三产业产值、社会消费品零售总额等经济指标能够反映一个地区的城市化发展水平，而城市化发展水平的高低与一个区域土地利用状况密切相关，而且居民点、工矿企业废弃物等一定程度上会引起大气污染、土壤退化等环境问题。农业转型状况以及都市农业的发展程度可以通过农药化肥量、塑料薄膜以及农业机械总动力、粮食作物与经济作物面积比例等来显现。

表4-8 太原市农业生态系统服务影响因子指标体系

要素层 指标层	一级指标	二级指标
社会因子	人口因子	非农业人口（X_1）、人口密度（X_2）
	城市建设因子	造林面积（X_3）、房地产开发投资（X_4）、全社会固定资产投资（X_5）
经济因子	产业结构因子	GDP（X_6）、第一产业产值（X_7）、第三产业产值（X_8）、社会消费品零售总额（X_9）
	农业投入因子	化肥施用量（X_{10}）、塑料薄膜使用量（X_{11}）、农药使用量（X_{12}）、农业机械总动力（X_{13}）
	农业结构因子	粮食面积（X_{14}）、蔬菜面积（X_{15}）、瓜果面积（X_{16}）

（四）权衡与协同驱动因子分析

根据太原市农业生态系统服务驱动因子指标体系，运用SPSS软件对太原市农业生态系统服务间的权衡与协同关系驱动因子进行相关分析及主成分分析，得到相关性矩阵（见表4-9）、特征值、主成分贡献率（见表4-10）、因子旋转载荷矩阵（见表4-11）、因子得分系数矩阵（表4-12）。

从太原市农业生态系统服务各驱动因子之间的相关系数可以看出（表4-9），各驱动因子之间的相关程度不同。在此以特征值大于1，累计贡献率达

85%以上作为选取公因子的指标，进而提取了3个主成分，它们的累计贡献率达到89.153，涵盖了原始变量的主要信息。

表4-9　太原市农业生态系统服务驱动因子相关性矩阵①

—	X_1	X_2	X_3	X_4	X_5	X_6	X_7	X_8
X_1	1	0.804**	−0.693*	0.903**	0.872**	0.912**	−0.093	0.788**
X_2	0.804**	1	−0.62	0.927**	0.659*	0.889**	−0.364	0.971**
X_3	−0.693*	−0.62	1	−0.613	−0.697*	−0.608	0.294	−0.556
X_4	0.903**	0.927**	−0.613	1	−0.695*	0.915**	−0.371	0.909**
X_5	0.872**	0.659*	−.695*	0.829**	1	0.750*	−0.155	0.598
X_6	0.912**	0.889**	−0.608	0.915**	0.750*	1	−0.1	0.933**
X_7	−0.093	−0.364	0.294	−0.371	−0.155	−0.1	1	−0.275
X_8	0.788**	0.971**	−0.556	0.909**	0.598	0.933**	−0.275.	1
X_9	0.854**	0.873**	−0.599	0.904**	0.758*	0.958**	−0.127	0.911**
X_{10}	−0.284	−0.425	0.559	−0.492	−0.391	−0.29	0.864**	−0.358
X_{11}	−0.394	−0.488	0.578	−0.597	−0.48	−0.404	0.774**	−0.449
X_{12}	−0.177	−0.34 1	0.302	−0.445	−0.301	−0.246	0.900**	−0.321
X_{13}	−0.425	−0.6	0.628	−0.623	−0.494	−0.421	0.891**	−0.508
X_{14}	−0.532.	−0.651*	0.749*	−0.686*	−0.613	−0.487	0.735*	−0.549
X_{15}	−0.037	−0.272	0.21	−0.299	−0.115	−0.082	0.966**	−0.21
X_{16}	−0.488	−0.533	0.724*	−0.521	−0.565	−0.411	0.327	−0.477

—	X_9	X_{10}	X_{11}	X_{12}	X_{13}	X_{14}	X_{15}	X_{16}
X_1	0.854**	−0.284	−0.394	−0.177	−0.425	−0.532	−0.037	−0.488
X_2	0.873**	−0.425	−0.488	−0.341	−0.6	−0.651*	−0.272	−0.533
X_3	−0.598	0.286	0.386	−0.063	0.35	0.602	−0.171	0.285
X_4	−0.599	0.559	0.578	0.302	0.628	0.749*	0.21	0.724*
X_5	0.758*	−0.391	−0.48	−0.301	−0.494	−0.613	−0.115	−0.565
X_6	0.958**	−0.29	−0.404	−0.246	−0.421	−0.487	−0.082	−0.411
X_7	−0.127	0.864**	0.774**	0.900**	0.891**	0.735*	0.966**	0.327
X_8	0.911**	−0.358	−0.449	−0.321	−0.508	−0.549	−0.21	−0.477
X_9	1	−0.299	−0.422	−0.279	−0.409	−0.477	−0.098	−0.446

① 任婷婷. 太原市农业生态系统服务权衡与协同关系研究［D］. 西安：陕西师范大学，2019.

续表

—	X_9	X_{10}	X_{11}	X_{12}	X_{13}	X_{14}	X_{15}	X_{16}
X_{10}	−0.299	1	0.970**	0.880**	0.952**	0.917**	0.831**	0.326
X_{11}	−0.422	0.970**	1	0.836**	0.899**	0.917**	0.722*	0.332
X_{12}	−0.279	0.880**	0.836**	1	0.862**	0.699*	0.941**	0.31
X_{13}	−0.409	0.952**	0.899**	0.862**	1	0.939**	0.850**	0.472
X_{14}	−0.477	0.917**	0.917**	0.699*	0.939**	1	0.637*	0.513
X_{15}	−0.098	0.831**	0.722*	0.941**	0.850**	0.637*	1	0.226
X_{16}	−0.446	0.326	0.332	0.31	0.472	0.513	0.226	1

**表示在0.01水平（双侧）上显著相关，*表示在0.05水平（双侧）上显著相关。

表4-10 特征值及主成分贡献率

成分	初始特征值			提取平方和载入		
	特征值	贡献率(%)	累加贡献率(%)	特征值	贡献率(%)	累加贡献率(%)
1	10.028	58.991	58.991	10.028	58.991	58.991
2	4.061	23.888	82.879	4.061	23.888	82.879
3	1.067	6.275	89.153	1.067	6.275	89.153
4	0.818	4.81	93.964	—	—	—
5	0.466	2.738	96.702	—	—	—
6	0.263	1.547	98.249	—	—	—
7	0.166	0.976	99.225	—	—	—
8	0.08	0.472	99.696	—	—	—
9	0.052	0.304	100	—	—	—

表4-11 因子旋转载荷矩阵

—	F_1	F_2	F_3
X_1	−0.791	0.523	0.004
X_2	−0.87	0.319	0.232
X_3	0.782	−0.156	0.496
X_4	−0.917	0.296	0.199
X_5	−0.782	0.362	−0.204

续表

—	F_1	F_2	F_3
X_6	−0.799	0.512	0.259
X_7	0.607	0.751	−0.12
X_8	−0.82	0.373	0.346
X_9	−0.792	0，477	0.273
X_{10}	0.765	0.596	0.121
X_{11}	0.811	0.458	0.093
X_{12}	0.655	0.682	−0.204
X_{13}	0.859	0.487	0.061
X_{14}	0.896	0.293	0.26
X_{15}	0.539	0.792	−0.217
X_{16}	0.609	−0.091	0.352

表 4-12　因子得分系数矩阵

—	F_1	F_2	F_3
X_1	−0.079	0.129	0.003
X_2	−0.087	0.079	0.218
X_3	0.078	−0.038	0.465
X_4	−0.091	0.073	0.186
X_5	−0.078	0.089	−0.191
X_6	−0.08	0.126	0.243
X_7	0.061	0.185	−0.113
X_8	−0.082	0.092	0.325
X_9	−0.079	0.118	0.256
X_{10}	0.076	0.147	0.113
X_{11}	0.081	0.113	0.087
X_{12}	0.065	0.168	−0.191
X_{13}	0.086	0.12	0.057
X_{14}	0.089	0.072	0.244

续表

—	F_1	F_2	F_3
X_{15}	0.054	0.195	−0.203
X_{16}	0.061	−0.023	0.33

由表4-12可以得到各公因子与标准化变量之间的因子表达式：

$F_1=-0.079X_1-0.087X_2+0.078X_3-0.091X_4-0.078X_5-0.08X_6+0.061X_7-0.082X_8-0.079X_9+0.076X_{10}+0.081X_{11}+0.065X_{12}+0.086X_{13}+0.089X_{14}+0.054X_{15}+0.061X_{16}$

$F_2=0.129X_1+0.079X_2-0.038X_3+0.073X_4+0.089X_5+0.126X_6$ $0.118X_7+0.092X_8+0.118X_9+0.147X_{10}+0.113X_{11}+0.168X_{12}+0.12X_{13}+0.072X_{14}+0.195X_{15}-0.023X_{16}$

$F_3=0.003X_1+0.218X_2+0.465X_3+0.186X_4-0191X_5+0.243X_6-0.113X_7+0.325X_8+0.256X_9+0.113X_{10}+0.087X_{11}-0.191X_{12}+0.057X_{13}+0.244X_{14}-0.203X_{15}+0.33X_{16}$

从上式中可以看出，F_1与X_2、X_4、X_{13}、X_{14}的相关性较大，因此，可以将F_1解释为影响太原市农业生态系统服务关系的社会因子及农业发展因子；F_2与X_7、X_{12}、X_{15}的相关性较大，可以解释为影响太原市农业生态系统服务的经济因子；F_3与X_3、X_8、X_{16}的相关性较大，可以解释为影响太原市农业生态系统服务的城市建设因子。

在相关分析的基础上，根据太原市农业生态系统服务价值的测算结果，在此以太原市10个区县数据为基础数据，以F_1、F_2、F_3为自变量，以太原市2000年和2018年各区县的农业生态系统服务的变化量为因变量，进行逐步回归分析，探讨影响太原市农业生态系统服务价值变化的主要驱动因子，其结果如下：

$Y_1=0.847F_1+0.312$

$Y_2=0.591F_2+0.183F_3+0.047$

$Y_3=0.800F_2+0.035$

$Y_4=0.305F_2+0.361F_3+0.02$

$Y_5=0.879F_1+0.075F_3+0.243$

$Y_6=1.124F_1+0.471F_2+0.146F_3-0.211$

$Y_7 = 1.197F_1 + 0.478F_2 + 0.185F_3 - 0.230$

从回归方程的结果可以看出，太原市农业生态系统服务功能与 F_1、F_2、F_3 均相关，其中生产功能与旅游休闲功能主要受到公因子 F_1 的影响，即人口数量、城市化发展过程以及农业发展状况对生产功能影响程度最大。固碳释氧功能主要受到城市化发展及经济发展状况的影响，水源涵养功能主要受到公因子 F_1 及 F_3 的影响，说明水源涵养服务功能也受到社会及农业发展及城市扩张等的影响。而对于农业生态系统负服务化肥污染及水资源消耗均受到 F_1、F_2、F_3 的影响。

由此，在前面回归分析的基础上，将原始数据进行标准化处理，利用SPSS软件将太原市10个区县2000—2018年农业生态系统服务生产功能变化量（Y_1）与人口密度（X_2）、房地产开发投资（X_4）、农业机械总动力（X_{13}）、粮食面积（X_{14}）进行逐步回归分析；将固碳释氧功能变化量（Y_2）与造林面积（X_3）、第一产业产值（X_7）、第三产业产值（X_8）、农药使用量（X_{12}）、蔬菜面积（X_{15}）、瓜果面积（X_{16}）进行逐步回归分析；将水源涵养功能变化量（Y_3）与第一产业产值（X_7）、农药使用量（X_{12}）、蔬菜面积（X_{15}）进行逐步回归分析；将环境净化功能变化量（Y_4）与造林面积（X_3）、第一产业产值（X_7）、第三产业产值（X_8）、农药使用量（X_{12}）、蔬菜面积（X_{15}）、瓜果面积（X_{16}）进行逐步回归分析；将旅游休闲功能变化量（Y_5）与人口密度（X_2）、造林面积（X_3）、房地产开发投资（X_4）、第三产业产值（X_8）、农业机械总动力（X_{13}）、粮食面积（X_{14}）、瓜果面积（X_{16}）进行逐步回归分析；将环境污染功能变化量（Y_6）、水资源消耗功能变化量（Y_7）分别与 X_2、X_3、X_4、X_7、X_8、X_{12}、X_{13}、X_{14}、X_{15}、X_{16} 进行逐步回归分析，得到如下结果：

$Y_1 = 1.14X_2 - 1.551X_4 + 0.856X_{14} - 0.015$（$R^2 = 0.796$）

$Y_2 = 0.74X_7 + 0.025X_{12} - 0.382$（$R^2 = 0.628$，$a = 0.01$）

$Y_3 = 0.986X_7 + 0.64X_{12} - 0.133$（$R^2 = 0.871$，$a = 0.01$）

$Y_4 = 0.003X_3 - 0.816X_{12} + 0.057X_{15} + 3.723$（$R^2 = 0.459$，$a = 0.05$）

$Y_5 = 0.088X_2 + 0.516X_{16} + 0.017$（$R^2 = 0.867$，$a = 0.01$）

$Y_6 = 0.218X_2 + 0.035X_{12} + 1.43X_{15} - 0.871$（$R^2 = 0.665$，$a = 0.05$）

$Y_7 = 0.416X_2 + 5.837X_7 + 1.765X_{15} - 1.973$（$R^2 = 0.654$，$a = 0.01$）

从上式中可以看出，太原市农业生态系统服务间的权衡与协同关系主要受到人口密度（X_2）、第一产业产值（X_7）、农药使用量（X_{12}）、粮食面积（X_{14}）、蔬菜面积（X_{15}）的影响。其中生产功能的变化主要受到人口密度、房地产开发投资以及粮食面积的影响。人口密度的增加以及粮食面积的增加有助于生产功能的提高，但房地产开发投资的增多对生产功能起抑制作用。随着城市化的发展，大量的劳动力涌入城市以寻找更多的就业机会，同时大量的农用地转为建设用地或交通用地，因而对农产品的需求迅速增加，刺激了农产品生产功能的提高；第一产业产值和农药使用量可以同时促进固碳释氧功能以及水源涵养功能的提高；造林面积、蔬菜面积的增加有助于提高环境净化功能，但农药的过量使用对生态环境产生了一定的消极影响。旅游休闲功能主要受到人口密度、瓜果种植面积的影响，随着人口密度的增加，太原市近郊区大型的观光园及农家乐等现代都市农业体系发展迅速。如尖草坪农业观光园、清徐县葡萄文化博览园以及阳曲青龙古镇等，将当地的文化特色与乡村旅游相结合，大大促进了太原市休闲农业的发展，进而使得太原市农业生态系统的旅游休闲功能大幅度提升。化肥污染负向服务功能主要受到人口密度、农药使用量以及蔬菜面积的影响。水资源消耗主要受到人口密度、第一产业产值以及蔬菜面积的影响。

生产功能与固碳释氧、水源涵养以及环境净化功能之间不存在明显的共同驱动因子，而生产功能与旅游休闲功能之间的共同驱动因子为人口密度和粮食面积，各驱动因子对生产功能与旅游休闲功能影响的趋势不同。其中人口密度以及粮食面积的增加会对二者的协同发展起促进作用。随着非农业人口的增加，人们对农作物的需求不断增加，进而刺激了生产功能的增加，而人们对于农作物需求的改变也促使粮食作物与蔬菜、瓜果作物的种植比例不断调整。粮食面积、蔬菜面积以及瓜果面积的增加会促进农业生产功能价值的提高，尤其蔬菜、水果等经济作物的收益相对较高，大大提高了人们的生产积极性，相应地对农业产值也不断提高。随着人们生活条件的改善，人们在闲暇时间更加想要亲近自然。此外，城市人口数量的增加，进一步刺激了休闲农业的发展。随着农家乐、采摘园数量的增加以及管理体系的不断完善，越来越多的人利用闲暇时间去感受农产品采摘的乐趣。而且休闲农业的发展为人们提供了接触自然的机会，心理学和医学研究发现亲近自然环境对改善人体健康及提升人类幸福感具有积极的作用，如缓解心理压力等。

人口密度是农业生产功能与旅游休闲、化肥污染负服务功能以及水资源消耗功能之间的主要驱动因子。人口密度每增加 1 人/平方千米，则太原市农业生态系统的生产功能增加 1.14 亿元，化肥污染所承担的成本增加 0.281 亿元。这表明人口密度的增加对于提高生产功能具有积极的促进作用，但同时也反映出人口密度的增长会导致化肥污染程度的加剧。自 2000—2018 年，太原市人

口密度由429人/平方千米增长至530人/平方公里，人口数量的迅速增长意味着人们对于农产品的需求量增加，进而促进了生产功能的持续提高。此外，农业转型成为太原市农业可持续发展的新趋势，太原市近郊区及中郊区农户大力种植蔬菜、水果、花卉等作物，化肥施用量增长较快，相应地未被利用的残留到土壤表面的化肥量也增多，进而带来严重的面源污染问题。因此，随着城市化的发展，人口密度的增加，太原市应大力发展生态绿色农业，使用有机肥，全面推广测土配方技术等，同时提高化肥等的利用率，以减少面源污染的扩大。

第一产业产值和农药使用量是固碳释氧功能与水源涵养功能之间的主要驱动因子。第一产业产值每增加1亿元，太原市固碳释氧功能增加0.74亿元，水源涵养功能增加0.986亿元。农药的使用量每增加1吨，固碳释氧功能增加0.025亿元，水源涵养功能增加0.64亿元。第一产业产值及农业使用量的增加可以促进水源涵养功能及固碳释氧功能的提高。第一产业包含农业、林业、牧业、渔业，其中，农业及牧业所占比重较大且对生产功能的贡献率较高。农业生态系统中的耕地、林地、园地等作为重要的绿色植被，不仅可以满足人们对粮食、蔬菜、水果、木材等物质的需求，而且是改善人们集聚空间环境质量的主要物质基础。除了能够调节气温，吸收空气中的二氧化碳、二氧化硫等有害物质，吸附空气中的粉尘等颗粒物，改善空气质量外，还能够通过光合作用固定碳元素释放氧气分子，保持大气中的碳氧平衡，而植被的枯枝落叶能够截留水分，提高生态系统的水源涵养能力。大棚蔬菜、瓜果种植的生产价值较传统粮食作物要高，因而吸引了大量的农户就地发展农业，但在种植过程中施用大量的化肥、农药等导致生态环境质量下降。研究发现，化肥、农药的使用有利于提升农业生态系统的固碳释氧功能和水源涵养功能。其原因可能是农药的使用有利于农作物防治病虫害、杂草等，化肥的使用能够增强土壤肥力，提高土壤中氮、磷、钾等元素的含量，进而促使农作物长势繁茂，使得更多的绿色植物能够通过光合作用固碳释氧。同时，茂密的农作物茎冠之间可以截留降水，进而改善农业生态系统的水源涵养功能。

太原市城市化发展迅速，人口密度的增加以及人们物质需求的变化刺激了蔬菜、瓜果等经济作物的大面积种植，而蔬菜、瓜果等经济作物的生长需要施用大量的农药以减少病虫害的发生。研究发现，农药使用量是水源涵养、固碳释氧以及环境净化功能以及农药污染负服务功能之间的主要驱动因子。其中，农药的使用可以促使农业生态系统的固碳释氧功能与环境净化功能协同发展，但会抑制农业生态系统的环境净化功能。一方面，农药的使用有利于促进农作物健康生长，进而提高其固碳释氧功能及水源涵养功能；另一方面，太原市蔬菜、瓜果等种植过程中采用了全膜双垄沟播技术以及少耕穴灌聚肥节水技术等，也可能使得农业生态系统的水源涵养及固碳释氧功能价值提高。但是蔬菜、苹果、梨等作物的种植过程中喷洒的大量农药，再加上化肥、塑料薄膜、畜禽粪便、生活垃圾等将造成农业及农村生态环境大面积的污染，使得农业生态系统的环境净化功能降低。金妹秦等研究发现，农药的喷洒、农药器械的清洗等将使得农药伴随农田灌溉及雨水流入河道，污染水体。此外，某些农药富集在土壤中不易降解，造成土壤污染，进而影响农作物的生长。农药在喷洒过程中也可以通过蒸发进入空气中污染大气，更重要的是，农药在防治病虫害的同时也会误杀害虫的天敌，导致生物多样性减少，破坏原有的生态系统的平衡。

农药使用量及蔬菜面积是环境净化功能与化肥污染负服务功能之间的主要驱动因子。农药的使用量每增加 1 吨，太原市环境净化功能减少 0.816 亿元，化肥污染成本增加 0.035 亿元。农药使用量的增加会抑制环境净化功能的提升，同时也会导致化肥污染所耗费的成本增加。为了防止病虫害的发生，农户每隔一两个月就会喷洒一次农药，尤其是蔬菜、水果等的种植，蔬菜面积每增加 1 公顷，环境净化功能提高 0.057 亿元，化肥污染负服务功能同样会耗费 3.134 亿元。因此，在农业发展过程中，太原市要合理布局各农业用地类型的面积，此外，要大力推广无公害的新型农药，提升用于农药喷洒的设备，并加强农药安全科学使用的技术培训与指导。

第一产业产值是固碳释氧、水源涵养、水资源消耗负服务功能的主要驱动因子。第一产业产值每增加 1 万元，固碳释氧服务功能增加 0.74 亿元，水源涵养功能增加 0.986 亿元，水资源消耗成本增加 5.837 亿元。第一产业产值的增加意味着太原市农业生态系统耕地、林地等产值功能的增加，林地的固碳释氧及水源涵养功能相对较高，因而能够刺激该区域固碳释氧及水源涵养功能的提升。第一产业包括农林牧渔业，各服务部门的发展均离不开水资源供给，当前太原市水资源利用率较低，农业灌溉用水的利用率仅达到了 50%，因而造成水资源的大量浪费。

人口密度及蔬菜面积是化肥污染负服务功能与水资源消耗负服务功能之间的主要驱动力。人们密度每增加 1 人/平方千米，化肥污染成本增加 0.281 亿元，水资源消耗成本增加 0.416 亿元，蔬菜面积每增加 1 公顷，化肥污染成本增加 1.4 亿元，水资源消耗 1.765 亿元。由此可以看出，人口密度及蔬菜面积的增加将导致化肥污染及水资源消耗负服务功能的升高。随着太原市各区县尤

其是太原市中心城区人口的大规模聚集，人们对于蔬菜等的需求增加，近年来太原市蔬菜种植面积维持在21180公顷左右，相比较传统的粮食作物而言，蔬菜对于化肥及水资源的需求量较多，蔬菜面积的增加促使土壤酸碱化及板结，土壤肥力下降，此外蔬菜种植需要农户经常喷洒、浇灌，因而蔬菜面积的增长会导致化肥污染及水资源消耗负服务功能的加剧。

以往大量的学者指出，一种生态系统服务的增加能够对其他生态系统服务的供给产生促进或抑制作用。尤其随着人口的增多以及城市化的发展，人们对于食物的多样化需求急剧上升。因此，深入理解正负服务功能之间的协同与权衡关系以及农业生态系统内部正服务之间的相互作用关系、识别影响各服务功能之间权衡与协同关系变化的驱动因子至关重要。人口密度的增加有利于促进生产功能与旅游休闲协同发展，第一产业产值以及农药使用量能够促进固碳释氧功能与水源涵养功能的协同发展，但农药使用量在促进固碳释氧功能与水源涵养功能增加的同时，却会抑制太原市农业生态系统环境净化功能的增加。人口密度以及瓜果面积的增加也会促使农业污染面积的扩展及水资源消耗成本的增多。因此，随着城市化的发展及人口集聚，太原市在农业发展过程中应合理调整农业结构及产业发展模式，以满足城市居民对于农产品多样化需求的影响，此外要合理控制化肥、农药的使用量，尽量使用高效低污染的化肥农药以降低它们对于水体、土壤等生态环境的污染。同时，要建设相关的农田水利设施，提高农业灌溉用水的使用率，以减少水资源消耗成本。

第五章　农业生态系统补偿分析

农业生态环境作为农业赖以生产和发展的基础，农业生态环境的破坏势必会严重影响农业生产发展，农业生态补偿政策的实施得到了很大程度上的重视。从20世纪80年代至今，很多专家学者一直致力于农业生态补偿政策的研究，发现问题并提出解决对策。研究农业生态补偿政策的绩效，并分析影响其绩效的因素，对健全农业生态补偿机制，保护农业生态环境，维持生态平衡具有很大的帮助。

在本章中通过对农业生态补偿政策的实施情况进行调查，进而对农业生态补偿政策的绩效进行研究分析，找出农业生态补偿政策的不足之处，以及影响因素，提出一些改进意见，希望能改善农业生产现状，更好地保护农业生态环境，为我国经济实现全面发展，建立一个资源节约型、环境友好型社会做出贡献。

第一节　农业生态补偿的基本理论

一、生态补偿

在生态补偿理论研究和实践探索的过程中，国内外专家学者提出过大量生态补偿的概念，但是各方对生态补偿的基本内涵、外延等基础问题至今也没有达成共识。最初出现的生态学意义上的生态补偿是指自然生态系统的自我净化以及自我恢复能力，单纯地强调生态系统的自身调节能力，并没有人类活动参与其中。后来发展出经济学意义上的生态补偿和法学意义上的生态补偿概念。其中经济学意义上的生态补偿是指通过对消耗或损害生态资源的行为收费，对保护生态资源的行为进行补偿，提高相应行为的成本或者收益，从而减少损害行为引起的外部不经济性，最终达到保护资源和环境的目的。经济学方法的生

态补偿提供了以经济学手段进行生态补偿从而改善并保护资源和环境的有效办法。相比之下，法学意义上的生态补偿更加注重保障生态补偿各主体权利与义务的一致性，体现生态责任和生态利益的公平分配，实现生态正义，并达到维护生态系统平衡和稳定性的目的。结合多种视角下的生态补偿概念理解，在此认为生态补偿是指为了弥补生态系统的消耗和损失，恢复生态平衡和生态功能，并实现环境公平，由生态环境破坏者和生态效益受益者向生态环境的建设者给予补偿。生态补偿通过由生态环境的受益者向生态环境保护着支付恢复和重建生态系统的费用，使外部不经济性内部化。

二、农业生态补偿

由于全球是一个相互联系的整体，环境污染亦是整个人类面临的一个难题，世界各国为了保护农业环境亦在实施农业生态补偿政策。我国在此方面起步较晚，很多方面研究不足，因而有必要对政策理论等各个方面进行整理分析，增加对农业生态补偿政策的认知度，为政策实施提供理论建议。

莫童等指出，许多学者如李爱年、吕忠梅、毛显强等都对农业生态补偿方面进行了大量研究和探讨，但目前国内还没有形成一个统一公认的有关农业生态补偿政策的定义，无论从狭义还是广义都有不同的判定。① 章娇等则认为农业生态补偿有多种含义，从总体上可分为对生态系统的补偿、自然生态补偿、促进生态保护的制度安排以及经济手段等三种理解。②

对于农业生态补偿定义的界定，可以从广义和狭义方面来说，农业生态补偿又可以称作农业生态环境补偿，有些人认为它包含两个方面：一是关于农业生态的补偿，就是对农业生态环境如耕地、湿地、水等环境的补偿；二是关于农业生态的补偿，一般是指对农村以及农村耕地的补偿。况安轩提出不同时期对农业生态补偿有不同的定义，大致上分为现代生态补偿和自然生态补偿。他从狭义的角度探讨农业生态补偿的概念，主要说明了对农业生态功能的补偿。③ 刘向华指出农业生态补偿内涵是依据农业生态保护的实践活动提出来

---

① 莫童，向平安．发达国家农业生态补偿对我国稻作系统可持续发展的启示［J］．湖南农业科学，2014（11）：71—73.

② 章娇，凌龙．我国农业生态补偿机制的研究现状及展望［J］．知识经济，2014（7）：62.

③ 况安轩．建立农业生态补偿机制的探索［J］．湖南财经高等专科学校学报，2009，25（2）：28—29.

的，应在科学的补偿方式中对耕地的生态服务价值实现内部化考量。① 该论文研究的农业生态补偿主要是依据耕地来分析的。

从学科角度来看，梁丹、金书秦则比较全面地指出农业生态补偿是一个综合的领域，涉及社会学、经济学、法学、生态学、政治学等多学科的理论与知识。② 张慧指出涉及的这些学科应用于农业生态补偿时兼容了多方面的周密考虑。③

从手段方面来说，孙驰指出农业生态补偿的目的是消除农业生产对环境的消极影响，采用市场和各种行政措施，根据发展机会成本和生态保护成本，来调整农业生产、环境保护和经济发展之间的关系。④ 金京淑认为农业生态补偿是补偿主体运用政府财政和市场等经济手段补偿给农民，让农民更积极地保护农业生态环境，维持生态平衡。⑤ 张铁亮等认为农业生态补偿是指在保护农业生态环境的过程中，国家通过采取一系列的手段措施，对环境保护者进行经济或者其他方面的补偿。⑥

郭平等则从环境的角度来分析，认为农业生态补偿就是通过经济补偿的措施来减少农业生态比较脆弱的地区的经济压力，保护农业生态环境，改善因生态环境外部性、生态环境资源长期过度使用而造成生态环境破坏的普遍现象。⑦

总的来说，依据这里所研究的内容，农业生态补偿是以恢复、改善和维护农业生态环境系统的平衡为目的，以调整利益相关者之间的收益或者损失为原则，对保护农业生态环境的人（即农民）进行的一些补偿。

（一）现行的农业生态补偿方式

关于农业生态补偿的问题，国内研究主要集中在农业生态补偿资金的来

---

① 刘向华．资源福祉视角下构建我国农业生态补偿体系的思考［J］．生态经济，2016，32（10）：97－100.

② 梁丹，金书秦．农业生态补偿：理论、国际经验与中国实践［J］．南京工业大学学报（社会科学版），2015，14（3）：53－62.

③ 张慧．农村城镇化进程中农业生态补偿方式机制研究［J］．农业经济，2014（8）：79－80.

④ 孙驰．我国农业生态环境补偿的现状、难点与对策研究［J］．淮海工学院学报（人文社会科学版），2012，10（6）：117－120.

⑤ 金京淑．中国农业生态补偿研究［D］．长春：吉林大学，2011.

⑥ 张铁亮，周其文，郑顺安．农业补贴与农业生态补偿浅析——基于农业可持续发展视角［J］．生态经济，2012（12）：27－29.

⑦ 郭平，蒋秀兰，张新宁．河北张承地区农业生态补偿的博弈论分析［J］．湖北农业科学，2015，54（6）：1524－1527.

源、如何计量评价生态效益、补偿办法和补偿标准等方面。农业生态补偿的方式是指在实施补偿政策的过程中所运用到的一些手段，其方式包括诸多方面。

农业生态补偿制度的主要内容之一就是农业生态补偿方式，现在所说的补偿方式大多是传统意义上的补偿，如刘尊梅指出补偿方式主要包括政策、实物、资金以及技术等方面，但从这些方面来看，这些方式只看重农业生态补偿的经济方面，却忽略了补偿资金链缺乏长效性和稳定性、农业生态补偿的技术性等问题。①董红指出现行的农业生态补偿方式主要是资金补偿，补偿方式比较单一。资金补偿虽然比较方便直接，但它具有较强的“输血功能”，并不能从根本上解决问题，存在一定的缺陷。②屈振辉同样也指出农业生态补偿方式比较单一，经济手段的运用并不充分，农业生态补偿资金投入的主要方式是以中央财政转移支付为主，对地区的支出较少，农业生态补偿资金来源重要依据当局的财政资金。③张慧从城镇化角度出发，指出补偿方式存在操作性问题以及缺乏权利定位，补偿资金和补偿方均无法快速准确落实。④

（二）现行的农业生态补偿标准

农业生态补偿标准是指补偿主体对补偿客体所支付的补偿额度，一般来说就是资金补偿多少，确定补偿标准是整个补偿机制构建的难点和重点。当前生态补偿标准可以从定性和定量方面来确定，但在这里主要指出的是当前补偿标准存在的问题。

陈海军指出，最近十年来的研究一般对以下方面的价值进行初步评估核算，即农业生态系统服务的价值、利益相关者的损益、机会成本的损失以及生态毁坏的恢复成本。但是生态补偿标准存在核算方法应用单一，有一定的缺陷等问题。⑤董红指出现行的农业生态补偿标准非常不科学，相关法律法规对这方面的规定很少，即使有规定，大部分也是采用“适当”和“合理”等抽象的

---

① 刘尊梅．我国农业生态补偿政策的框架构建及运行路径研究［J］．生态经济，2014，30（5）：122－126.

② 董红．我国农业生态补偿制度探析［J］．西北农林科技大学学报（社会科学版），2015，15（1）：135－139.

③ 屈振辉．我国农业生态补偿制度存在的问题及完善［J］．农业环境与发展，2011，28（4）：18－21.

④ 张慧．农村城镇化进程中农业生态补偿方式机制研究［J］．农业经济，2014（8）：79－80.

⑤ 陈海军．云南民族地区农业生态补偿机制研究——以元阳县为例［D］．昆明：云南财经大学，2014.

词语，比较迷糊，缺乏具体的规定，致使其实践的操作性标准比较缺乏。[①] 屈振辉认为补偿标准从目前所拥有的技术来看还比较难解决，而且也缺乏科学依据。[②] 刘尊梅指出我国的农业生态补偿措施目前并不科学合理，缺乏有效的实地研究，补偿额度的确定没有考虑到生态环境类型的差异和地区差异，补偿标准僵化，缺乏地区适应性和灵活性，导致补偿标准并不合理。[③]

综上所述，我国目前的农业生态补偿主要存在补偿方式不到位、补偿标准不合理等问题。

三、农业生态补偿政策与制度

农业生态补偿政策的实施，是支持和保护农业生态环境的一个重要的激励机制。农业生态补偿政策主要调整利益相关者（如农业生态保护者、受益者、受害者和破坏者）之间的关系，使环境保护者得到经济回报，环境受害者得到经济赔偿，环境破坏者承担破坏环境的责任和成本，实现公平分配，实现保护农业生态环境的目标。

农业生态补偿政策的概念主要依据农业补偿制度。它主要是指对农业耕地方面的补偿，包括农产品种植方面的补贴和土地征收方面的补贴。近两年，由于农产品价格大幅度下跌，农民收入减少，失去农作物种植的信心，致使土地撂荒现象严重，农业生产生态环境恶化，为了改变现状，2015 年我国对山东、湖南、河北、安徽和四川五个省的一些县市区开展农业“三项补贴”改革试点，将粮食直补、农资综合补贴和良种农机补贴合为“农业支持保护补贴”，充分调动农民生产的积极性，保护农业耕地，保障粮食安全，间接地保护了农业生态环境，维持农业的可持续发展，所以从生态环境角度来讲，亦属于广泛意义上的农业生态补偿。

农业生态补偿政策概念的理解有广义和狭义之分，涉及农业生态学、环境经济学、社会学、政治学、法学等学科领域。在此主要是指在政府干预和市场调节共同作用下，以经济手段为主要方式，对从事农业生产活动的农民进行补

---

① 董红．我国农业生态补偿制度探析［J］．西北农林科技大学学报（社会科学版），2015，15（01）：135－139.

② 屈振辉．我国农业生态补偿制度存在的问题及完善［J］．农业环境与发展，2011，28（04）：18－21.

③ 刘尊梅．我国农业生态补偿政策的框架构建及运行路径研究［J］．生态经济，2014，30（05）：122－126.

偿，以期实现社会、经济和环境目标的协调发展，最终实现区域内农业可持续健康发展的一种农业补偿机制。

农业生态补偿政策主要是对从事农业生产劳动的农户的补偿，包括农业生产行为的补偿和农用耕地的补偿等。现行农业生态补偿政策下，农业生态补偿自身具有明显的特征。具有补偿目标的多重性、补偿方式的多样性、补偿政策的多元性、补偿的动态性和创新性、补偿主体的政府倾向性以及补偿范围的特定性等特征。

第一，补偿目标的多重性。我国推行农业生态补偿政策，其最终目标是保护生态环境，维持生态系统的平衡，实现生态环境的可持续发展，促进人与大自然的和谐相处。在推行农业生态补偿政策的过程中，通过补偿也可以实现其他的目标，例如补偿中通过资金、技术和实物的投入，可以提高农业生产力，减少耕地撂荒现象，调整农业产业结构，优化资源配置，进而提高农民的生活水平，多重目标相结合，实现更好的发展。

第二，补偿主体的政府倾向性。依据当前农业补偿的实际情况，补偿资金大多来源于我国政府的财政投入，农业补偿的进行主要是依靠政府来引导，并且农业生态补偿政策还要靠政府来决策、执行和保护，政府的主导地位决定了补偿的政府倾向性。

第三，补偿政策的多元性。补偿政策涉及诸多方面，各个地区都有不同的补偿政策，补偿方式、补偿标准等都不尽相同，这就体现了补偿政策的多元化特征。

第四，补偿范围的特定性。农业生态环境的补偿主要是指农业补贴，包括农业种植补贴和土地征收补贴两个方面。具有特定的补偿范围。农业种植补贴包括良种补贴、农资综合补贴、化肥农药补贴等与农业生产活动相关的补贴，土地征收补贴主要包括补偿安置费、青苗补偿费等。

第五，补偿方式的多样性，农业生态补偿政策的方式有很多种，如资金补偿、实物补偿、政策补偿和技术补偿等，针对不同地区不同情况采取不同的补偿方式，使我国的补偿都落到实处，具有多样性的特征。

第六，补偿的动态性和创新性，农业生态补偿政策的实施并不是一成不变的，在不同阶段经过补偿政策的实施，补偿政策都会有变化，都要根据具体情况创新发现，采取新的补偿政策。

农业生态系统不但具备强大的生产功能，还具备重要的生态功能。以农业为主体的农地是我国食物的最主要来源之一，农业产业具有稳定的生产能力是我国粮食安全的重要基础，其还能够产出工业原材料和医药原料等重要物质资源；同时，农业生态系统也具有重要的生态功能，具有调节气候、净化空气等生态价值和环境美学等景观文化价值。此外，虽然土地利用者对农业实物产出的所有权是被法律明确认定的，但是土地利用者如若将农田向其他土地利用方式进行转化却必须要受到法律、政策、经济等条件的约束。为改善农田的生态价值，势必会改变农业生产方式，甚至改变农用土地原有的利用方式。这种转变会在一定程度上损害农田经济价值进而造成农民的经济损失，因此，需要补偿农民因传统的农业生产方式的转变而承担的成本投入、直接损失和机会损失。结合农业生态系统的定位，这里认为农业生态补偿是指为保护和改善农业生态环境或者恢复农业生态系统服务功能，由农业生态受益者对农业生态保护者（农业生态服务者）支付多种形式的利益补偿。其内涵包括两方面的内容：一方面是对农田生态环境系统进行补偿，用于已遭受损害的农田生态环境系统的恢复和保护；另一方面是对农民进行补偿，因为农民为了恢复和发展农田的生态系统服务功能，改变了原有的生产方式，甚至放弃了一部分直接经济利益。

四、我国绿色农业实施生态补偿的必要性

农业生产的历史由来已久，农业生产活动直接作用于自然环境，农业与自然环境有着密切相关的关系。随着人类社会的不断进步，经济的快速发展，农业生产力不断提高，给自然环境也带来了很大的负面影响，自然环境不断恶化，生态系统遭到了严重的破坏，并且“十二五”“十三五”以及每年的中央一号文件都会提出来生态发展的理念，都要求对农业生态环境进行补偿，可见农业生态环境问题已经得到人们的重视，实施农业生态补偿政策就变得十分必要。

当前农业生态补偿政策涉及农业生产、森林、湿地和水域等方面，并且每年的生态补偿标准都会依据生态环境的实际情况进行改动，以期补偿政策的实施达到最优。现行政策下国家对农业有很多方面的补偿，例如用水用电优惠、税收优惠、土地流转补贴、贷款补贴、农业保险补贴、生猪标准化规模养殖场建设、购农机补贴、农资农合补贴、良种补贴、有机化肥和有机农药补贴、农膜回收补贴、草原生态补助、退耕还林补贴以及粮食收购价最低政策等。除此之外，还有涉农项目的扶持、人才支持和农村改造、农村创业补贴以及对生态建设（水资源净化项目、海洋渔船改造项目等）的补贴等，这些补贴都大大改善了土壤、水、大气等农业生态环境。但是我国农业生态补偿政策的研究仍然

处在一个刚刚起步的阶段，缺乏一套相对比较完善的体系，保护生态环境、治理生态环境是一个异常长久且浩大的工程，农业生态补偿政策的全面实施也必定是一个漫长的过程。农业生态补偿政策内涵的界定，对提高人们的生态保护意识，实施农业生态补偿具有很大的促进作用。

2016 年，国务院办公厅出台的《关于健全生态保护补偿机制的意见》重点指出，保护生态环境，调动不同经济主体的经济性，是实施生态保护补偿的重要目的，生态文明制度建设离不开生态保护补偿机制。近年来，生态保护补偿机制建设工作稳步推进，取得了诸多喜人的成就。但整体来看，我国生态保护补偿的范围仍然相当有限，其补偿标准偏低，并未形成健全的保护者与受益者良性互动机制，这制约了生态环境保护行动的实施效果。在未来的工作中，将进一步完善和优化生态保护补偿机制。《关于健全生态保护机制的意见》提出要贯彻落实党的十八大精神，十八届三中全会精神、四中全会精神和五中全会精神，习近平总书记的系列重要讲话精神，围绕“四个全面”的科学战略，坚决按照中共中央、国务院的部署，对转移支付制度进行完善和优化，探索科学、多元化、高标准的生态保护补偿体系，调动全社会保护生态环境的热情，推动生态文明建设事业朝着高水平的方向发展。《关于健全生态保护机制的意见》针对耕地领域的重点任务要求是完善耕地保护补偿制度，形成以绿色生态为宏观方向的农业生态补贴制度。对在生态环境破坏严重、有毒耕地内实施生态保护措施的农民给予合理的资金补贴。扩大退耕还林、退耕还湖的范围，循序渐进地将超过 25 度的陡坡耕地还原、修复为自然土地，明确绿色生态补偿的主体、补偿标准。研究制定鼓励引导农民施用有机肥料和低毒生物农药的补助政策。中国工程院院士、中国科学院地理科学与资源研究所研究员李文华指出，生态保护补偿机制的建立和完善是一个漫长的过程，还有许多科学与政策问题需要研究，也有一些实践操作上的问题需要不断解决。但我们有理由相信，作为国家重要文件的出台，能够有效调动全社会参与生态环境保护的积极性、促进生态文明建设迈上新的台阶。

五、生态补偿是促进绿色农业发展的有效手段

习近平总书记曾明确指出，要坚持和贯彻新发展理念，对经济发展、环境保护的关系形成正确认识。要像爱护自己的眼睛一样去保护生态环境，要像珍惜自己的生命一样去维持自然环境的平衡，杜绝以牺牲环境为惨重代价来发展经济的措施模式，避免走破坏生态环境来赢取短期经济利益的急功近利行为。

绿色农业的发展模式契合当前我国新发展理念的具体要求，是我国农业转型升级的必然出路。生态补偿的合理运用为绿色农业的顺利开展提供了路径选择。

（一）生态补偿可改善农业生态环境

生态补偿指对人类社会发展所造成的生态环境破坏，自然资源过度开发的补偿、恢复和综合治理等一系列活动的总称。合理运用生态补偿的手段，在一定程度上能够对农业生态系统的破坏起恢复和改良作用。新中国成立以来，我国针对林业、水域、矿产和农业开展过生态补偿，尤其是针对林业的生态补偿，现阶段已取得了一定的成功，这为我国绿色农业的生态补偿提供了一定的理论和实践意义。生态补偿机制的建立与完善，有助于资源环境承载能力的提升，有助于实现人与自然的和谐发展。[①] 发挥生态补偿的积极作用，能助力绿色农业的顺利开展。

（二）生态补偿能调动绿色农业从业者积极性

绿色农业的开展为生态环境的恢复和保护起到指导性的作用，生态系统的服务功能除了能为广大人民群众直接提供日常所需的农产品外，还能够间接地提供调节功能和文化功能。因此绿色农业的发展模式符合可持续发展的基本理念。基于绿色农业表现出来的正外部性效应，在绿色农业从业者本身所需要付出更多的人力、财力和物力投入的情况下，为顺利开展绿色农业，应对其进行补偿。生态补偿的功能包含对因保护环境而付出更多的居民进行资金、技术和实物上的补偿，以及为保护环境而进行的科研、教育费用的补偿。生态补偿的方式在一定程度上能缓解绿色农业从业者的经济压力，使得农业效率和效益得到稳步提高，助力绿色农业的顺利开展。

（三）生态补偿能减低“公地的悲剧”

生态补偿既包含了对因保护生态系统和自然资源而丧失发展权利的居民进行补偿，同样，生态补偿也包含了对破坏生态系统和自然资源所造成损失的赔偿。生态系统对这部分主体要求赔偿的方式尤为重要。其一，对破坏主体起抑制作用。一定程度的赔偿能够减少破坏生态系统和自然资源行为的出现，保护生态系统。其二，对破坏主体起激励作用。《福利经济学》中指出，通过税收

---

① 陈彦霞，张艳玲，刘秀玲等．实施生态补偿的作用与意义［J］．科技视界，2012（24）：286－287.

与补贴等经济干预手段使边际收益等于私人边际成本，税收的增加会激励企业进行技术的优化升级。这种激励方式反过来又能作用于绿色农业技术的升级。其三，赔偿的资金用于绿色农业的开展、技术的研发和绿色农业管理等多方面。生态补偿能够加速减少破坏生态系统和环境资源主体的减少，同时增加的资金能作用于绿色农业中，助力绿色农业的顺利开展。

我国农业不断发展，在农业史上创造了令世界瞩目的成就，然而发展中也付出了生态破坏、环境污染的代价。党的十八大以来，绿色发展和生态文明建设备受关注，成为破解当前经济发展与资源环境矛盾、推进人与自然和谐相处的主旋律。中央及地方各级政府在推进“五位一体”总体布局和“四个全面”战略布局的进程中，不断完善生态文明建设，实现农业转型升级，逐渐向绿色农业发展模式转变。中国农业要实现质的提升，就必然要走绿色农业之路，这是时代和产业发展的必然趋势。

第二节　农业生态补偿制度的现状

一、我国农业生态补偿的制度建设

20世纪90年代以来，中国经济迅速发展，大众的消费结构以及我国农产品市场的供求关系都发生了重大的转变，农产品价格低迷，因此农民增产却不增收；同时我国土地沙化退化严重，农业的面积不断减少，淡水资源日益紧张，生态环境的破坏与农业可持续发展之间的矛盾渐渐凸显，并逐渐严重。

我国农业污染严重，对农业生态系统安全造成巨大威胁。2014年，环境保护部和国土资源部联合发布的首次全国土壤污染状况调查公报显示，农业中土壤点位超标率为19.4%，其中轻微、轻度、中度和重度污染点位比例分别为13.7%、2.8%、1.8%和1.1%，主要污染物为镉、镍、铜、砷、汞、铅、滴滴涕和多环芳烃。[①] 同时，根据2015年国土资源部调查数据可知，我国农业中有70.6%属于中低等地，农业土壤肥力一般。[②] 我国基础地力不足以支撑粮食年年高产，而我国农业生产过度依赖农药、化肥使用，不仅导致土壤养分

① http：//www.gov.cn/foot/site1/20140417/782bcb88840814ba158d01.pdf.

② http：//www.mlr.gov.cn/zwgk/tjxx/201604/P020160421532279160618.pdf.

失衡、有机物质含量下降，而且会使土壤中的生物种类和数量不断减少。

在这样严峻的生态环境恶化的背景下，我国政府和学界已经着手从农业环境污染治理、农业生态破坏修复以及农业自然资源保护三个角度来探讨农业生态补偿制度，其出发点主要基于以下两个方面考虑：其一，解决当前我国农业生产面临的突出矛盾的需要；其二，促进我国传统农业政策向可持续发展的生态化农业转型。

近 20 多年来，我国政府除了提高各项农业补贴，实施了一系列保护生态系统的支持政策和生态治理工程外，还积极探索构建农业生态补偿机制、发布农业生态补偿政策。2002 年，《中华人民共和国农业法》明确指出要把维护和改善生态环境作为农业政策的目标之一，同年全面启动退耕还林工程。2005 年，中共十六届五中全会《关于制定国民经济和社会发展第十一个五年规划的建议》首次提出，按照谁开发谁保护、谁受益谁补偿的原则，加快建立生态补偿机制。2007 年党的十七大报告将建设生态文明作为中国实现全面建设小康社会奋斗目标的新要求之一，明确提出必须把建设资源节约型、环境友好型社会放在工业化、现代化发展战略的突出位置，从全新的视角解读了农业生态系统的多功能性和农业生态环境保护的重要性。2012 年党的十八大报告再次论及“生态文明”，并将其提升到更高的战略层面。由此，中国特色社会主义事业总体布局由经济建设、政治建设、文化建设、社会建设“四位一体”拓展为包括生态文明建设的“五位一体”，这是总揽国内外大局、推进生态文明建设的新部署。2013 年中央一号文件提出要加强农村生态建设、环境保护和综合整治，加大“三北”防护林、天然林保护等重大生态修复工程实施力度，推进荒漠化、石漠化、水土流失综合治理；提高中央财政国家级公益林补偿标准；继续实施草原生态保护补助奖励政策；加强农作物秸秆综合利用；搞好垃圾清运、污水处理和土壤环境治理，实施乡村清洁工程，加快农村河道、水环境综合整治。2014 年修订的《环境保护法》第 31 条对我国建立、健全生态补偿制度以及补偿的方式做出了原则性的规定，在巩固之前生态补偿制度的基础上，再次丰富了生态补偿的内容，同年中央一号文件提出要促进生态友好型农业发展、开展农业资源休养生息试点、加大生态保护建设力度以建立农业可持续发展长效机制。2016 年 3 月召开的中央全面深化改革领导小组第二十二次会议审议并通过了《关于健全生态保护补偿机制的意见》。该意见要求完善我国生态补偿中的转移支付制度，探索建立多元化的生态补偿机制，扩大生态补偿的范围，合理提高生态补偿的标准，逐步实现我国森林、草原、湿地、荒漠、海洋、水流、农业等重点领域和禁止开发领域、重点生态功能区等重要区域生态

保护补偿全覆盖。2017年党的十九大报告认为应坚持人与自然和谐共生。像对待生命一样对待生态环境，统筹山水林田湖草系统治理，实行最严格的生态环境保护制度，形成绿色发展方式和生活方式，坚定走生产发展、生活富裕、生态良好的文明发展道路，建设美丽中国。要加大生态系统保护力度。实施重要生态系统保护和修复重大工程，优化生态安全屏障体系，构建生态廊道和生物多样性保护网络，提升生态系统质量和稳定性。完善天然林保护制度，扩大退耕还林还草。严格保护农业，扩大轮作休耕试点，健全农业草原森林河流湖泊休养生息制度，建立市场化、多元化生态补偿机制。

二、农业生态补偿法律制度的立法与实践

（一）我国农业生态补偿立法

目前我国并没有对农业生态补偿的专门立法，也没有形成完整的立法体系，属于农业生态补偿法律体系建设的初级阶段，关于生态补偿的法律法规多散落在其他相关的法律法规和规章条例中。

1998年的《环境保护法》对农业环境保护的具体开展工作和行为规范进行了明确规定，但没有提及生态补偿。国家从1999年施行退耕还林、还草，2002年国务院通过《退耕还林条例》是我国农业生态补偿发展的重要标志。2002年《清洁生产促进法》标志我国生态农业法制建设的开始，国家规定了农业生产过程中注重清洁生产和环境保护，减少环境污染。2002年农业部《全面推进“无公害食品行动计划”的实施意见》指出要大力推行绿色食品、有机食品和无公害食品的认证工作部署。2003年农业部制定发布了《保护性耕作技术实施要点（试行）》《保护性耕作项目实施规范（试行）》，对保护性耕作项目做出规范化指导。此后的《保护性耕作工程建设规划（2009—2015）》将保护性耕作项目上升到国家工程地位，并形成了规范的操作纲要。2004年12月中央一号文件《关于进一步加强农村工作提高农业综合生产能力若干政策意见》提出：推广测土配方施肥，推行有机肥综合利用与无害化处理，引导农民多施农家肥，增加土壤有机质。2008年出台的《循环经济促进法》强调要充分利用农业生态资源，发展农业循环经济。同年，财政部发布《关于有机肥产品免征增值税的通知》。4年后中央设立转型资金支援全国实施土壤有机肥提升补助政策，2013年农业办就制定了该项目的实施指导意见，对不同类型的有机肥利用制定了详细的补贴标准。2010年对农业生产种植环

节中合理施肥做出细化规定（《农药使用环境安全技术指导规则》和《化肥使用环境安全技术指导规则》）。2014 年第一部农业生态保护性质的法规《畜禽规模养殖污染防治条例》正式实施，防治条例鼓励畜禽养殖单位生产有机肥并提供资金补偿，对有机肥购买农户也提供优惠补贴政策。这使我国农业关于畜禽养殖的废弃物利用和有机肥施用工作得到大力推广。2014 年《有机产品认证管理办法》《有机产品认证实施规则》相继出台，进一步完善了有机农业发展中的规范化认证规则。

2010 年国务院规划制定《生态补偿条例》。同年苏州市政府制定出台了《关于建立生态补偿机制的意见（试行）》，该意见对补偿原则、补偿的具体执行标准、补偿资金的承担及管理等做出了明确的规定，为实践工作的开展提供了依据和准则。2013 年苏州又颁布了《关于调整完善农业生态补偿政策的意见》，进一步加强对生态补偿范围内的农户规范化管理和政策优惠。2014 年《环境保护法》明确提出国家建立健全生态保护补偿制度，表明了构建生态补偿法律的决心，也加速了生态补偿法的出台进度。2013 年十八届三中全会通过《关于全面深化改革若干重大问题的决定》，提出“推动地区间建立横向生态补偿制度”，生态补偿制度建设已经上升到国家战略层面。2016 年 4 月国家出台的《关于健全生态保护补偿机制的意见》成为我国首份针对生态补偿机制的国家文件，也是新的健全生态补偿制度的行动纲领。该意见明确了中央和地方的事权关系“以地方补偿为主、中央财政给予支持”，也表明中央政府下决心开展生态补偿的决心。

（二）农业生态补偿法律制度的实践

我国退耕还林工程 1999 年开展试点工程，3 年后国务院通过《退耕还林条例》，全面启动此项工程，并取得了一定成效。退耕地区大部分是西北土地沙化面积广、水土流失严重的地区，涉及退掉耕地的农民近 1.5 亿。他们不但能获得政府补贴还能在农业部门指导下开展绿色农业，获得更多可观收益。在青海甘肃地区有 10%的耕地面积实现了退耕还林、还草，在增加植被种植防止土地沙化的多年政策指导下，农作物产量不降反升，此项农业生态补偿工程大大增加了农民生产的积极性，同时也让农民有了强烈的生态环保意识。

21 世纪初国家开始推行保护性耕作技术，包括改革表土耕作控制杂草、秸秆覆盖农田、免耕播种技术和少耕深松作业。保护性耕作实施规范出台后的十余年，中央投入近 3.5 亿元用于技术推广和实施，保护性耕作实施面积占耕地总面积的比例从 2002 年的 0.1%增长到 2013 年的 6.0%，同时粮食增产，

成本节约，数字一路飙升，收获好成绩，得到了联合国粮农组织的高度认可，并在全国更多地区推广保护性耕作技术。[①] 其中农业部对保护性耕作的专项补偿经费做了明确的发放标准，按总经费 3∶4∶3 的比例分别用于作业补助、培训宣传、技术指导，并规定补偿经费不能用作购买农具或转移他用。

政府自 2005 年实施测土配方施肥计划，到 2013 年累计财政补偿 71 亿元，免费为 1.9 亿农户提供种植技术指导。这一技术的推广大大提高了粮食产量，经济作物的种植面积也增速迅猛，充分调动了农民参与农业种植的积极性。同时政府的资金补偿呈现逐年下降或增速缓慢的趋势有两方面原因：一是政府财政紧张，不能持续补贴；二是更多的农企合作试点开展，减少了农业部门的技术推广成本。

农业生态补偿政策还在有机肥利用和畜禽规模养殖排泄物管理方面有较可观的成果，政府支持有机肥的高效利用，同时推广畜禽粪便的绿色治理，采用双向补贴的办法激励农户使用有机肥，对农户购买给予不低于化学肥料的价格补贴，同时给有机肥提供者补偿运输成本。可以说农牧业的循环经济模式为农业生态补偿的发展提供了更好的指引方向。

我国也有类似有机农产品认定的生态认证政策，以“整体、协调、循环、再生”原则为指导，并提出对无公害产品、绿色食品、有机食品和农产品地理标志保护产品（简称“三品一标”）制定认证程序和认定标准，但由于绿色产品、有机产品的售价偏高，人们的接受度较慢，又加上政府没有专项资金拨付支持，生态农产品的认定机制全面推广还面临许多现实问题。

我国在开展农业生态补偿法律制度的实践过程中面临的主要问题在于：补偿资金没有得到持续性支持；各类生态补偿政策或法规的推行没有长效保障机制；农业生态补偿项目总体缺乏配套监管机制，没有先进客观的评价制度；生态补偿的经济补偿标准过于单一，没有充分考虑地区差异化，同时缺少财税资金来源保障和金融机构的信贷支持等问题，因此要认真归纳总结农业生态补偿法律制度建设中存在的问题，有针对性地提出解决办法。

三、我国农业生态补偿制度存在的问题

我国生态补偿机制建设虽然已经起步，并且取得了一定的积极进展，但由

---

① 林传坤．我国农产品和农业生产过程中生态补偿法律制度研究［J］．知识经济，2017（20）：64—66.

于涉及的利益关系复杂，在农业生态补偿制度落实工作中面临重重困难，仍然存在不少矛盾和问题。

（一）补偿范围较狭窄

我国农业生态系统种类丰富，数量庞大，以农业生态补偿的基本概念为依据，我国农业生态补偿的范围应当包括对农业生态系统中所有的耕地、水域、森林、草原、湿地、生物多样性等各种资源与生态环境进行保护以及增值有关的一切行为。农业生态补偿的范围应该是补偿对象所做出的有益于生态系统环境保护的一切行为，主要包括被破坏生态环境的治理、优美生态环境的维持以及预防生态环境被破坏的行为。根据对生态环境作用的方式，这些行为又分为直接有益行为和间接有益行为。现有的生态补偿制度范围狭窄，主要表现在两个层次。其一，在产业领域层次，现有生态补偿主要集中在森林、草原、矿产资源开发等领域，流域、湿地、海洋等生态补偿尚处于起步阶段；其二，在补偿行为对象层面，事关农业生态转型的土壤、水、绿色投入品和替代技术、有机食品研发与生产、农业生态补偿相关知识推广等重要内容尚未纳入我国农业生态补偿制度框架的补偿范畴。

（二）补偿标准不灵活，缺少经济学依据

部分地方补偿政策补偿标准单一，不能充分考虑被补偿区的社会经济水平和自然环境条件的差异性，并且标准的确定缺乏科学的论证和计算，造成了补偿效应不均衡问题。根据国家农业生态补偿政策规定，目前对农户的补助标准只是按流域在全国分区，每区内实行统一的补助标准。这直接导致农业生态补偿政策因太过统一而难以适应不同地区的经济发展水平与生态情况，严重影响了补偿效果。“一刀切”的做法使得补偿标准高度统一，提升了操作效率但同时也降低了补偿的公平性，“过补偿”现象和“低补偿”现象同时存在，一定程度上影响了农户的补偿积极性。

农业生态补偿政策是一项生态恢复与生态建设行为，具有正外部性，政府设计政策是希望通过对参与补偿的农户给予经济补偿，从而激励农户增加其行为正外部经济性，达到保护农业资源环境的目的。这个思路具有经济学的依据。但是，在补偿标准的制定过程中，却偏离了这一科学依据。

按照环境外部性理论，农民参与补偿所提供的生态效益具有公共产品属性，正外部效应较强，因为“搭便车”问题的存在，导致其供给不足。解决此问题的关键是内化保护或破坏生态环境行为的外部性，“庇古税”即为一条重

要的内化路径。按照庇古的外部性理论，在私人边际收益与社会边际收益可能发生背离的领域，需要政府采取适当征税和补贴政策来消除送种背离，具体的做法是对私人边际成本小于社会边际成本的部分进行征税，对私人边际收益小于社会边际收益的部分进行补贴，从而把私人收益与社会收益背离所引起的外部性影响进行内部化，实现资源配置的最优化和社会福利最大化。

图 5-1 描述了农业生态补偿政策的实施使生态环境得到改善的情况。出现正外部性的情况下，通过补偿内化外部收益的过程，也就是科学确定补偿标准的过程。假定农户提供的生态服务是可以生产和交易的，其提供的生态服务量由其参与补偿的程度决定，故横轴表示参与程度，纵轴表示价格。可知边际私人收益 MPB 都低于边际社会收益 MSB，两者差距即为边际外部收益 MEB，即 MEB＝MSB－MPB，此时私人边际成本 MPC 与社会边际成本 MSC 相等。在没有补贴且市场处于完全竞争条件下，农户会按照 MPC＝MPB 的规则决定其生态产品的生产量 E^*，此时农户的利益达到最大化，其对应补偿程度为 Q^*，对应的边际成本或价格是 P^*。由于生态服务存在外部性，社会效益最大化的均衡点为 E_1，对应的参与补偿程度是 Q_1，对应的边际成本或价格是 P_1。Q^*Q_1 为生态服务供给不足的缺口，这便是市场失灵导致补偿行为的私人收益和社会收益发生的背离，政府采取向农户的活动提供补贴的方式，纠正这种背离，将使社会资源配置达到最优。从理论上讲，补偿标准应该等于相应产生的边际外部收益，这样才能使农民按照社会的需求来提供生态服务。然而，实际情况是由于缺乏相关研究和测算，现行的补偿标准并不是按照这样的方式确定的。现在的补偿标准采用全国统一的标准，未能体现各个地区的差异性。

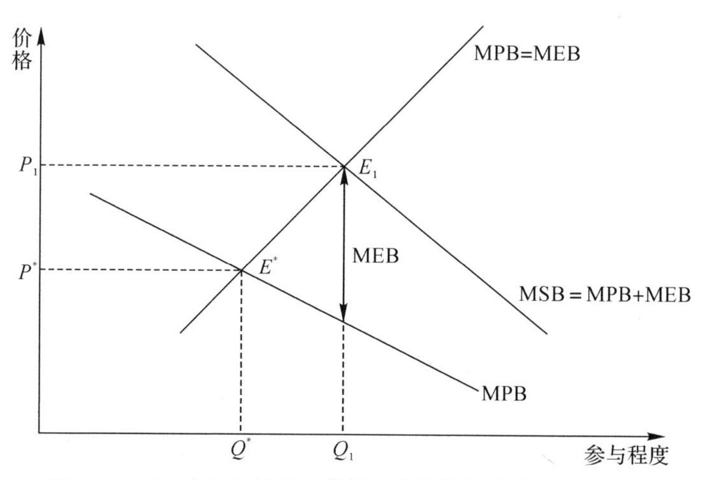

图 5-1 对农业生态补偿政策的正外部性与补贴的经济效应

我国农业生态补偿的标准缺乏弹性且水平较低。一方面我国补偿标准缺乏弹性。我国的生态补偿标准基本上采用“一刀切”的政策，没有体现因地制宜的原则，导致部分地区出现“过高补偿”或者“过低补偿”。补偿标准单一化的一个重要原因是我国在地方环境治理方面存在的严重问题。如果交由地方政府根据地区、农户乃至地块等具体情况制定不同补贴政策，由此带来的成本，以及在此情况下可能出现的地方政府道德风险（如高估退耕地块机会成本并要求超额补贴），显然会影响中央政府就补贴水平与地方政府协商的意愿。于是中央制定了同流域内的统一补偿标准。这当然在一定程度上节约了交易成本，但其代价必然是补贴成本大幅度增加。没有能够做到因地制宜，具体到科技层面，是因为我国的农业生态补偿体系不够健全，还不存在可以有效使用的生态环境监测评估体系和生态服务价值评估核算体系。另一方面，农业生态补偿制度中的补偿标准更多地表现出低水平问题。合理的农业生态补偿标准是保证生态补偿政策实施效果的重要前提条件。由于在标准制定过程中缺乏该制度中利益相关者的广泛参与和基于市场的分析和评估，造成现行生态补偿标准严重背离制度建设初衷的现实，存在标准过低的问题。一方面会造成农业生态环境保护者经济利益受损，逐渐丧失保护和改善生态环境的主观意愿；另一方面，因为保护生态环境而使得经济利益受到损失的参与者，为了去维护自身日常的生产、生活和发展的需求，很有可能反过来去过度使用生态环境，从而影响农业生态补偿政策的实施效果。比如，虽然我国在按照机会成本的思路实施生态补偿政策，但由于利益相关者没有充分参与标准的制定，实践中补偿标准低于农户维护和改善生态系统服务所支付的机会成本。

总体而言，我国政府和有关方面对生态补偿标准等问题尚未取得共识，缺乏统一、权威的指标体系和测算方法，而在已存在的农业生态补偿制度实践当中，广泛的农业生态补偿制度参与者尤其是农民，又没有切实有效地参与到农业生态补偿标准的讨论和制定当中去，因此，造成了我国现行的补偿标准过于单一而且明显偏低。

（三）农业生态补偿监督管理合力不够

农业生态补偿相关管理部门数量多，容易引起管理政策的矛盾和冲突。我国的法律中并没有对我国农业生态补偿的管理作出相应规划和规定，实践中我国的生态补偿管理工作涉及多个行政主管部门，例如生态环境、农业农村、自然资源、水利、工商等部门。虽然我国 2014 年作出修订的《环境保护法》明确了以各级别政府的环境行政主管部门为综合性环境管理职能部门的管理体

制，但是在我国农业生态补偿制度关系下，生态环境行政主管部门与其他业务部门之间的分工、合作内容并不明确，最终导致在实践中生态环境行政主管部门无法发挥其在农业生态补偿中的统一监督管理职能，其他的同级业务主管部门也无法准确有效地配合生态环境部门履行相应职责。由于整项制度中责任主体不明确、分工不明确、职责出现交叉，各相关业务部门就会选择从维护本部门利益的角度出发去制定相应的政策。制定出的政策脱节甚至相互冲突，导致我国农业生态补偿管理的方方面面难以形成合力，无法达到顶层政策设计预期的农业生态补偿目标。

（四）利益相关方的预期收益目标及参与程度存在偏离

从经济理论中的“理性经济人”学说来说，每一个从事经济活动的个体都是利己的。现阶段参与农业生态补偿的个体主要有中央政府、地方政府和农户，处在经济活动中，它们均可被视为理性人。

第一，中央政府作为政策制定者和发起者的根本目标是改善生态环境，实现农业及其他产业的可持续发展，并保障国家生态环境安全。中央政府的补偿成本可分为直接成本和间接成本：直接成本是中央政府直接支付于补偿的费用，包括各种补助和执行政策的行政性费用；间接成本主要指实施政策所引发的损失，或称为机会成本，包括可能产生的粮食生产减少的损失、中央政府财政收入下降等。而中央政府在农业生态补偿政策中获得的是长远的国家生态安全收益，收益明显高于投入成本，故具有很强的实施农业生态补偿的利益冲动。

第二，对地方各级政府来说，实施农业生态补偿政策带来的收益有生态改善、执行国家政策所带来的地方经济社会发展。各级政府的补偿成本也包括直接成本和间接成本。直接成本是各级政府为执行国家政策所支出的费用；间接成本包括由于采取了补偿措施而有可能限制了地方发展产生的机会成本，以及由于实施政策而动用地方财政，挤占其他经费而引起的地区经济发展速度受限所带来的损失。各级政府尤其是基层从事着具体的补偿工作，需要投入更多的人力、物力、财力，使得本来就较为紧张的地方财政更加难以承受，出现了“寻租”等负面行为；而农业生态补偿政策也使地方经济发展权受到很多限制，产生的机会成本是无法具体计量的。综上，对于地方各级政府而言，实施农业生态补偿政策的投入明显大于收益，这影响了各级政府的后劲动力。

第三，对当地农户来说，由于农业生产的特性，使农户面对的市场风险、经营风险和政策风险较大，影响了其长期收益。当地农民的直接成本主要是执行费用，间接成本是因接受补偿政策而减少的收益。此外，限于当前法规和补偿制度的安排，农民获得的补偿经济性较弱，这无疑会降低补偿收益。因此，农民缺乏参与生态补偿的内在经济动力。

综上，作为“理性经济人”的利益相关者收益目标的偏离无疑增加了政策的实施难度。

而农业生态补偿政策执行效果如何很大程度上取决于能否协调好政府、农民等各相关方的利益关系，能否调动各利益相关方的积极性而做到真正参与，包括政策规则的制定、政策执行中的充分互动、政策执行结果的监测及评估。目前的补偿政策依旧由政府直接掌控，政策执行采用的是“上令下行”的单向流程，涉及生计问题的农户并未成为政策主体。很多地区的农户处于被动参与的状态，在政策的制定、规划、执行、评估和监督等整个政策周期中，没有充分参与的政策空间和相关机制。农业生态补偿政策是遵循生态优先的原则，具体的实施选择都应因地制宜，对此，当地农民最了解当地的生态状况因而最有发言权，然而现实中这些具体措施都是由上级部门决策，严重影响了政策实施的效益。

（五）农业生态补偿成果转化不足

农业生态补偿具有双重目标：一是恢复和保护农业生态系统；二是补偿农民为提升农业生态系统的服务价值而投入的成本，增加农民收入。二者应当兼顾，将农业生态补偿成果适宜地转化为经济效益是一项重要任务。随着农业生态补偿制度的深入实践，其将产出各种各样质量安全的农产品。农产品质量因农民在生产过程中对生态成本投入增加而得到保障，但是在目前农产品市场中，并没有对农产品质量进行严格检测，也没有逐级区分，更没有以此为基础划分不同层级安全标准的农产品价格，这使得高品质的农产品没有转化为其生产者应得的经济效益，造成了农民的经济损失。

此外，农业生态补偿的主体和对象模糊，导致实际操作中的责任难以明确。尽管目前“谁受益、谁补偿”的原则已获得各界的一致公认，但涉及农业生态的具体补偿行为时，补偿的主体和对象关系并不明确，未能合理、清晰地界定农业生态补偿的相关利益者，明确保护的责任与补偿的义务。由于目前的农业资源收费体系还不健全，并不是所有农业资源的享用者都为消费农业资源的行为付费。而对农业生态的补偿面也较窄，补偿地区和人员相对比较分散，没有实现全方位、多层次的补偿。

（六）农业生态补偿立法缺乏系统性

我国目前关于农业生态补偿的法律法规都见于各部门法中，大都宏观概括，没有详细的规划。中央指定的各项法律法规和规章制度也没有对农业生态补偿做清晰明确的解释，更没有具体的指导意见和实施方案，各省市在制定农业生态补偿相关制度时也没有总的参考依据，因此说我国的农业生态补偿立法缺乏系统性。

农业生态补偿作为一项重要的农业发展政策，没有立法保障和支持，任何地区在开展工作时都是步履缓慢地摸索前行，这大大降低了农业生态补偿的效用发挥速度。随着全国各省市都在出台农业生态补偿试行办法，因地制宜解决本地区的农业生态补偿实施困境，体现了我国农业生态补偿立法有自下而上逐步完善的趋势。农业生态补偿法律体系构建应该包含总体的实施规划、补偿主体和标准的确立、补偿方式和评价体系以及监督制度，都需要制定总的纲领为地方立法提供参考依据。长期以来由于立法的笼统性和缺乏整合机制，令当前的农业生态补偿法律制度呈现单一的补偿主体和补偿方式，缺乏科学测量的补偿标准，也不能很好地落实和监督效果。又因为各省市行政区都在尝试推行农业生态补偿法律法规，让农业生态补偿法律体系化建设迫在眉睫。

农业生态补偿在实施过程中会涉及很多内容：补偿主体、客体、补偿方式、补偿范围和补偿标准等。目前的农业生态补偿项目和推广政策都没有完整的确定和规范管理这些补偿要素，混乱且没有固定标准。许多农业生态补偿模式还停留在简单的套路里：政府推广并提供资金补偿，没有既定标准也没有划定具体范围，不存在准入门槛，参与既得，也没有量化标准和效果监督，实施环节漏洞百出。政策实施一段时间后体现出更多问题，政府财政短缺不能持续发力，补偿资金成本大总体效用不可观，技术推广或规范生产都不能严格执行，导致农产品产量增速减缓，农业生态保护也没有明显改善。农民缺乏生态环保意识，参与农业生态补偿项目积极性不高。只有建立内容明晰又长效运行的农业生态补偿法律机制才能解决根本问题。

（七）缺乏基础性法律保障制度

发展以生态环境保护为主导思想的现代化农业的大体思路是：首先培养农民的生态环保意识，政府制订农业发展计划并给予经济或物质补偿鼓励农户参与，通过官方提前制定的效用评价机制和监督体系确立农业发展计划的完成，并对农户提供奖励政策或长效执行补偿机制。

对于农业生态补偿的实施而言，政府除了提供完整的法律体系保障，生态补偿实施的其他环节或要素都应该得到法律保护或政策支持。例如：政府可以通过法律形式规定农民有保护生态环境的义务；政府提供经济补偿的能力有限，需要更多的财税收入或市场资金的支援；农民在获得补偿后有没有严格按照既定标准履行义务，并没有监督机制，更不会有惩罚措施。这些都是能影响农业生态补偿实施效果的重要因素，因此制定基础性法律保障制度能杜绝补偿资金缺位，农民生产积极性不高或生态保护效果不能达到其规划等问题。

（八）缺乏长效保障的农业生态补偿发展计划

退耕还林、还草计划是我国实施时间最长的农业生态补偿发展计划，近20年投入百亿元的资金支持，获得西北地区的生态环境稳定和农业可持续发展，可谓我国农业生态补偿实践中典型的成功案例。然而，试图再找出其他的农业生态补偿发展计划或政策实施已经没有了，不管是保护性耕作还是有机肥利用推广，都有着这样那样的原因没有获得预期的发展效果。这其中重要的影响因素包括：地方政府发放补偿不到位，落实环节“偷工减料”；地域差异导致“一刀切”的补偿标准远远落后，不能激励农民的参与热情；中央政府建立许多农业生态发展示范区，给予资金和技术方面的大力支持，并没有保证示范区的“长期示范”功能，往往都潦草收尾。因此我们需要国家以规范性的规章制度或政策来提出具有长效保障机制的农业生态补偿发展计划，长效的内涵包括制度长久支持，补偿资金长期到位，收获的则是农业生态环境的长久保护和农产品质量产量持续提升。

四、我国农业生态补偿制度问题出现的原因

（一）缺乏农业生态系统服务价值观念

生态资源价值论和生态资源稀缺论是生态补偿理论产生的重要理论基础。根据环境经济学理论，环境资源应该是有价值的。农田生态系统的价值恰恰来自生态系统的服务功能，主要包括调节气候、涵养水源、净化空气、美学旅游、维持物种多样性等功能。然而，传统价值观认为，土地资源是取之不尽用之不竭的公共财产。受传统资源价值观念影响，农民看重农业产出物的经济价值，轻视农田生态系统的非经济价值。一方面，由于我国缺乏行之有效的农业生态补偿制度，农民无法因为保护农田的生态价值而获得相应的经济效益，反

而可能会损失一定数量的经济利益，因此，在现实的经济利益的诱导下，农民会选择加大农药化肥的使用量来获取农业产出物的增收，这样就会直接造成农地污染，从而破坏农田生态系统；另一方面，在传统资源价值观念支配下，农民缺乏农田生态系统服务价值观念，无法认知到农田生态系统的生态价值，认为其生态价值完全与自己无关，使得农民在生产过程中无意识地削弱了农田生态系统的服务功能。农民的生活环境距离农田生态系统最近，受其影响也最为明显，然而由于缺乏农田生态系统服务价值观念，农民的环境权益遭受不同程度的损害。

（二）市场机制不健全

政府补偿与市场补偿是农业生态补偿的两种十分重要的实现形式。目前，我国农业生态补偿的主要补偿方式是通过政府的财政转移支付、财政补贴、行政管制等具体手段实施的，其实质是采用了政府补偿的单一补偿形式，而市场补偿在我国农业生态补偿制度中所占的比重微乎其微。我国生态补偿过程中的市场缺失主要表现在以下三个方面：其一，政策环境的缺失。我国长期以来的计划经济体制使得政策制定过程中计划规划的意识根深蒂固，即使制定了市场规则，也抹不掉计划的影子。同时，我国的市场机制起步较晚，市场还不健全，与其他领域中的市场机制一样，农业生态补偿的实施同样缺乏完善市场机制的政策环境。其二，手段缺乏。由于我国实施生态补偿的市场机制不健全，基于市场交易的生态补偿的实施手段较为单一，实施效果并不理想。其三，交易平台缺乏。农业生态补偿实践中缺乏受益者和受损者谈判交易的平台，受益者和受损者难以进入市场并顺利通过谈判实现利益的均衡。

（三）相关法律制度建设不够系统

我国的农业生态补偿法制建设任重而道远。问题主要表现在两个方面：其一，虽然党的十八大报告将生态文明建设纳入中国“五位一体”的国家发展战略部署，并且在十一届四中全会中进一步明确对我国的生态环境保护加强法制保障；但是，我国目前并没有专门的《农业生态补偿条例》。2014 年颁行的《环境保护法》也并没有对农业生态补偿制度作出可操作的具体性规定。其二，虽然在已经颁行的一些法律法规、政策文件中对我国的农业生态补偿制度建设偶有涉及，但是缺乏与之相适应的下位法，绝大多数涉及农业生态系统环境保护、农村环境保护与建设的法律法规没有对利益主体作出明确的界定，更没有切实可行的方式方法。总体来讲，我国的农业补偿制度政策法规建设滞后，政策措施不完善，在农业生态环境保护方面的投入保障能力不足，缺乏稳定性；目前还没有生态补偿的专门立法，现有涉及生态补偿的法律规定分散在多部法律之中，缺乏系统性和可操作性。目前，我国农业供给侧结构性改革正处于深水区，农业生态补偿制度应当是我国现代农业实现产业转型的一剂良药。因此，我们应该加速推进农业生态补偿制度写入法律法规，在法治层面对该项重要农业制度给予肯定。

五、农业生态补偿政策实施后农业生态生产效率分析

在明晰了影响政策实施的农户基本特征及相关因素的前提下，找出主要因素来分析其在政策实施后对农业生态生产行为的影响。通过剖析政策实施后农业生态生产效率，积极界定和分析影响农业生态生产效率的核心因素，包括补偿标准和机制，以及社会发展阶段的影响程度等内容。又通过研究相关文献查阅相关资料，选取指标即补贴额度以及家庭收入等对农业生态补偿政策进行绩效研究，即对农业生态补偿政策实施后农业生态生产的效率进行分析，研究现行农业生态补偿政策的实施对农业生态生产是否达到有效结果，以更好地提高政策绩效，提高农民收入和粮食产量。此种情况下通常采用生态效率的 DEA 模型进行分析。

（一）农业生态生产效率分析

为了合理地科学分析我国现行的农业补偿政策的生态环境效果，综合评价其社会、经济和环境影响，结合当前社会、经济和环境发展条件，采用生态效率的 DEA 评价，以期对农业补偿政策绩效进行综合评价和分析。主要采用投入导向的 BCC 模型表示如下：

$$\min\theta$$

$$\text{s. t.} \sum_{j=1}^{s} X_j\lambda_j \leqslant \theta X_k$$

$$\text{s. t.} \sum_{j=1}^{s} Y_j\lambda_j \leqslant Y_k$$

$$\text{s. t.} \sum_{j=1}^{s} \lambda_j = 1$$

$$\lambda_j \geqslant 0，j=1，2，\cdots，s$$

式中，模型中假设有 s 个决策单元，θ 表示纯技术效率，X_j 表示第 j 个输

入变量，Y_j 表示第 j 个输出变量，k 表示 s 个决策单元中的第 k 个决策单元。

技术效率为纯技术效率与规模效率相乘得出。当技术效率大于 1 的时候，规模报酬递减；当技术效率小于 1 的时候，规模报酬递增；当技术效率等于 1 的时候，规模报酬不变，此时结果处于有效状态，其他两种情况则没有达到有效状态，需要进一步改进。

1. 全国农业生态生产效率分析

农业生态补偿政策的主要目标是在改善农业生态环境的基础上实现农民收入和粮食产量的提高，依据影响因素分析，除去农户基本特征外，补偿额度对补偿政策的实施效果影响较大，所以对全国农业生态补偿政策实施后农业生态生产效率进行分析时，选取 2012—2016 年的全国农机购置补贴和农业支持保护补贴为投入指标，农民人均纯收入以及粮食产量为产出指标。其中种粮直补、农资综合补贴和良种补贴三项合为农业支持保护补贴，并于 2015 年开始试点实行，2015 年以前的农业支持保护补贴指标为种粮直补、农资综合补贴和良种补贴相加所得，部分缺失数据采用相似数据代替或者是通过其他补贴相加所得。数据来源于《中国农村统计年鉴》、国家统计局网站、农业农村部网站等。

指标选取说明：目前我国对农业生态补偿的金额仍没有一个准确数字，对农业补贴有准确数字，而农业补贴的最终目的就是促进农民增收，增强农民保护环境意识，同农业生态补偿政策的目标相一致，所以在指标选取时选取农业补贴指标（以下两个部分的指标选取同全国农业生态生产效率分析指标选取一致）。依据投入指标和产出指标，采用 BCC 模型将指标带入 MaxDEA 软件计算农业生态补偿效率，如表 5-1 所示。

表 5-1　全国农业补贴政策效率的评价结果

年份	综合（技术）效率	纯技术效率	规模效率	规模报酬
2012	0.711	1	0.711	递增
2013	0.705	0.9661	0.7297	递增
2014	1	1	1	不变
2015	0.8378	0.9381	0.8931	递增
2016	1	1	1	不变

由表 5-1 分析可知，2014 年和 2016 年的综合效率（技术效率）为 1，规模报酬不变，表明我国农业生态补偿政策达到了有效状态，占 40%。2012 年、

2013 年和 2015 年的综合效率分别为 0.711、0.705 和 0.8378，技术效率（综合效率）无效，占 60%。综合效率最低的是 2013 年，为 0.705，表明该年 70.5%的农业补贴金额发挥了作用，29.5%的农业补贴金额没有发挥作用；2012 年 71.1%的农业补贴金额发挥了作用，28.9%的农业补贴金额没有发挥作用；2015 年 83.78%的农业补贴金额发挥了作用，16.22%的农业补贴金额没有发挥作用，资金没有落到实处。

2014 年和 2016 年的规模效益不变，表明这两年的农业补贴金额达到有效状态，不需要增加也不需要减少，资金充分地落到了实处，农业生态补偿政策取得了很好的效果。2012 年、2013 年和 2015 年的规模报酬递增，表明这三年的农业补贴金额不足，农业生态补偿政策并未取得明显效果，需要增加农业补贴的资金投入，收益才能达到最优。

2. 基于全国视野的河南省农业生态生产效率分析

基于全国农业生态补偿政策，对河南省 2014 年到 2016 年的农业生态生产效率进行分析，以农机购置补贴和农业支持保护补贴为投入指标，粮食产量和农民人均纯收入为产出指标，部分缺失数据仍采用相似数据代替或者是通过其他补贴相加所得。数据主要来源于《中国农村统计年鉴》、国家统计局网站、农业农村部网站、河南省财政厅网站、河南省统计局网站以及河南省农业厅网站等。

仍采用 BCC 模型将农业投入和产出指标带入 MaxDEA 软件计算农业生态补偿效率，结果如表 5-2 所示。

表 5-2　全国及河南省农业补贴政策效率的评价结果

年份/省份	综合（技术）效率	纯技术效率	规模效率	规模报酬
2014/全国	1	1	1	不变
2015/全国	0.1656	0.169	0.9793	递增
2016/全国	0.1875	0.6283	0.2984	递减
2014/河南省	0.9487	1	0.9487	递增
2015/河南省	1	1	1	不变
2016/河南省	1	1	1	不变

通过表 5-2 分析可知，2014 年全国综合效率、2015 年河南省综合效率和 2016 年河南省综合效率均为 1，规模报酬不变，表明当年农业生态补偿政策达到了有效状态。2015 年全国综合效率和 2016 年全国综合效率非常低，仅有

0.1656 和 0.1875；2014 年河南省综合效率为 0.9478，技术效率无效，农业生态补偿政策并没有发挥多大效果。

2014 年全国综合效率、2015 年河南省综合效率和 2016 年河南省规模报酬不变，表明农业补贴金额达到有效状态，资金充分地落到了实处，不需要增加也不需要减少，农业生态补偿政策取得了很好的效果。2015 年全国农业生态补偿和 2014 年河南省农业生态补偿规模报酬递增，需增加资金投入达到规模收益。2016 年全国综合效率规模效益递减，表明农业补贴金额并没有充分利用，增加农业补贴资金投入会带来收益下降，需要通过完善补偿机制和技术创新提高农业补贴的使用率，达到最优收益。

总的来说，2014 年在全国农业生态补偿政策下，河南省农业补贴资金不足；2015 年加大对其补贴力度，河南省农业生态补偿政策达到最优，但我国农业补贴资金又面临不足状态；到 2016 年河南省农业生态补偿政策达到最优时，全国农业资金又没有得到充分利用。应健全农业生态补偿标准，完善补贴方式，适当地调整产出或者投入，使在全国农业生态补偿效率最优的情况下河南省农业生态补偿也达到最优状态。

3. 基于横向对比的河南省农业生态生产效率分析

将河南省农业生态生产效率和我国其他 11 个省的农业生态生产效率做一个横向对比，分析农业生态补偿政策实施后其对农业生态产生的效果。以 2016 年河南省和其他各省的农机购置补贴和农业支持保护补贴为投入指标，粮食产量和农民人均纯收入为产出指标，部分缺失数据仍采用相似数据代替或者是通过其他补贴相加所得。数据主要来源于《中国农村统计年鉴》、国家统计局网站、农业农村部网站、各省财政厅网站、统计局网站以及农业厅网站等。

将农业投入和产出指标带入 MaxDEA 软件中采用 BCC 模型来计算农业生态补偿效率，结果如表 5-3 所示。

表 5-3　各省农业补贴政策效率的评价结果

省份	综合（技术）效率	纯技术效率	规模效率	规模报酬
河南省	0.8394	0.8424	0.9965	递增
黑龙江省	1	1	1	不变
湖北省	0.8796	0.8801	0.9994	递减
江苏省	1	1	1	不变

续表

省份	综合（技术）效率	纯技术效率	规模效率	规模报酬
江西省	1	1	1	不变
辽宁省	1	1	1	不变
山东省	0.6589	0.7604	0.8666	递减
四川省	1	1	1	不变
安徽省	0.854	0.8662	0.986	递增
甘肃省	0.7802	0.8836	0.8829	递增
河北省	0.8235	0.8302	0.992	递增
浙江省	0.863	1	0.863	递减

由表5-3分析可知，选取的12个省中，2016年有5个省份的综合效率为1，规模报酬不变，农业生态补偿政策达到有效状态，占41.7%，包括黑龙江省、江苏省、江西省、辽宁省和四川省；7个省份综合效率无效，包括河南省、湖北省、山东省、安徽省、甘肃省、河北省和浙江省，占58.3%。可以看出，农业生态补偿政策实施效果比较好的地区主要集中在江西、江苏还有东北地区的粮食主产区，中部地区还有一些经济发展较好的地区如浙江实施效果并不明显。这表明近年来由于我国加大对粮食主产区的扶持力度，取得了比较好的效果，经济发达地区由于偏重发展第二和第三产业，忽略了第一产业的发展，致使效果不明显，而中部地区由于补贴力度不足出现冗余状态，农业生态补偿政策实施效果也不明显。

黑龙江省、江苏省、江西省、辽宁省和四川省规模报酬不变，表明农业补贴金额达到有效状态，资金充分地落到了实处，不需要增加也不需要减少，农业生态补偿政策取得了很好的效果。河南省、安徽省、甘肃省和河北省规模报酬递增，表明我国对其农业补贴投资不足，需加大补偿力度。湖北省、山东省和浙江省规模报酬递减，说明资金没有充分使用，需优化补偿标准，达到最优状态。

综上所述，以河南省为例对我国农业生态补偿政策实施效果进行分析，基于全国基础进行分析，以及将河南省和其他各省做横向对比分析，并结合实地调研可知，河南省农业生态补偿近年来虽然取得一定的效果，但仍存在补偿资金不足，补偿范围狭窄，补偿主要依靠资金，补偿方式单一，与其他各省还有一定的差距等问题，应健全农业生态补偿政策体制，逐步解决。当前我国农业生态补偿政策对各省实施偏差较大，导致农业生态补偿政策在全国范围内的不

均衡，应结合各地实际情况给予相应补偿，提高补偿资金的利用效率，使规模收益最优。

（二）影响农业生态生产效率因素分析

政策实施后，分析影响农业生态生产效率的因素，就要对全国农业生态补偿政策进行分析，就要全面了解农业生态补偿政策在全国的实施情况。从当前我国农业生态补偿政策实施的现有成果来看，取得了一定的进展，农业生态环境相应的得到一些改善，但仍然存在一些问题，农业生态生产效率还比较低下。影响农业生态生产效率的因素有很多种，除了以上所说的补偿方式和补偿标准之外，补偿资金不充足以及来源单一，并且一些地方的补偿资金没有落到实处，农业生态补偿政策法律机制也不健全，立法存在空白，我国也没有专门的行政机构来监督补偿政策实施等都影响着农业生态补偿政策实施的效率，以上这些都是补偿政策体系构建中遇到的问题；农业生态补偿利益相关者的行为决策以及社会发展阶段同样也影响着农业生态补偿政策效率。

1. 现行农业生态补偿政策机制分析

影响农业生态生产效率最重要的一个方面农业生态补偿机制，农业生态补偿政策机制是否健全直接影响着农业生态补偿政策是否有效实施。现行农业生态补偿机制主要分为农业生态补偿法律机制和农业生态补偿运行机制两个方面。因其侧重点不同，对它们的分析也要区别开来。

第一，农业生态补偿政策法律机制分析。在我国，任何一项政策的实施都离不开法律制度的支持，农业生态补偿政策亦不例外。假如没有一个完整的农业生态补偿政策法律机制为依托，那农业生态补偿政策的实施也必然会受到影响，继而影响补偿效率。

依据当前我国农业生态补偿实施的现状可知，当前我国还没有任何一部关于农业生态补偿政策的法律，农业生态补偿法律机制并不完善，立法存在空白，即使有也是在一些意见、决定中出现，并不具有法律效力。并且现行农业生态补偿法律机制缺乏系统性，缺乏有效的监督管理，补偿标准偏低亦不科学，主要依靠政府的财政资金进行补偿，资金来源比较狭窄，补偿方式单一，除此之外，农民对于生态补偿立法的意识也比较薄弱，参与积极性也较低。要提高农业生态生产效率，首先就要把农业生态补偿政策以立法的形式确定下来，使其有法可依，具有一定的强制性，使农业生态的破坏者必须承担起保护农业生态环境的责任。并且设立专门机构监督农业生态补偿政策的实施，形成有效的监督体系，拓宽资金来源渠道，提高补偿标准。同时还要提高农民农业生态补偿立法的意识，增加农业生态补偿政策方面的知识，建立健全农业生态补偿的法律机制，

第二，农业生态补偿政策运行机制分析。农业生态补偿政策的实施，离不开利益相关者的行为。当前农业生态补偿运行机制还不完整，主要是依靠政府作为补偿主体来运行。而农民丧失的机会成本一般都比政府制定的补偿标准要高，单纯依靠政府来补偿，会给政府造成很大的经济压力，不利于农业生态补偿政策的实施。而且，依靠政府对农业生态环境的补偿易导致人们形成错误观念，认为环境破坏与自己无关，只领补贴不保护环境，降低农民参与生态补偿的积极性，农业生态补偿效果也达不到最优。完善农业生态补偿运行机制，政府补偿和市场补偿相结合，达到最优效果。但当前我国农业生态补偿的研究还不成熟，还存在诸多缺陷，需要全方位地结合每个地区的实际经济环境情况，采取不同的运行机制。

2. 利益相关者的行为分析

根据前面分析可知农业生态补偿的利益相关者主要是指农业生态环境的保护者、破坏者和受益者，也就是指农业生态补偿机制中的补偿主体和补偿客体，都是农业生态补偿政策实施的重要参与者。近年来，利益相关者的行为得到了许多专家学者的重视，由于这些利益相关者的行为选择以及所追求的利益目标不同，都会影响到农业生态环境补偿政策的实施，反过来，农业生态补偿政策的实施也能够调整利益相关者之间的利益关系，所以利益相关者的行为因素对农业生态补偿政策的效率也有很大的影响。

对影响农业生态补偿效率的利益相关者进行分析，一方面要从补偿主体和补偿客体自身行为来讲，农业生态补偿主要遵循的就是“受益者补偿”的原则，也就是“谁受益，谁补偿”“谁保护，谁受益”。在我国，政府是补偿主体，政府依据补偿政策对因保护农业生态环境而经济利益受损的人或者因为农业生态环境破坏而受害的人进行补偿，使其得到应有的经济回报或者其他方面的补偿，对农业生态环境造成损害的个人或企业，也应该作为补偿主体进行补偿，承担相应的成本和责任，遵循公平公正的原则，才能更好地提高生态补偿效率。陈海军通过调查得出，46.15％的农户对谁补偿并不关心，只要有人愿意补偿就可以；49.45％的农户认为应该由政府来补偿；有 3 户认为应该是谁消费谁补偿。政府补偿机制不健全，以及农户对补偿政策的了解不足都影响了农业生态补偿的效率。另一方面要比较分析这些利益相关者参与农业生态补偿

的程度，补偿客体进行补偿后没有进行有效的监督，以及一些受补偿者只关心补偿的资金，并不积极参与生态环境保护，这对农业生态补偿效率也有一定的影响。龙开胜调查了长江三角洲生态补偿利益相关者的行为响应，指出市县区作为核心利益相关者，乡镇和村作为次利益相关者，有主动响应的积极性但并不高，而且因目标和属性的差异，农户、企业和社会公众的响应较弱，也致使生态补偿效率不高。

农民作为农业生态补偿政策的主要利益相关者，农民的生产行为对农业生态补偿政策实施效率的高低有很重要的影响。重视利益相关者的利益保护，提高利益相关者的行为意识以及保护农业生态环境的参与度以及积极性，科学引导利益相关者的行为，提高利益相关者的满意度，才能更好地提高农业生态补偿的效率。

3. 社会发展阶段的影响程度分析

随着社会发展、经济增长及人类文明的进步，农业生态补偿政策不断得到完善，社会发展阶段对农业生态效率的影响也在不断加深。

20 世纪 70 年代，由于水土流失，我国实施“退耕还林工程”，但是退耕实施并没有选择在水土流失严重的中低山区，并且当时国家经济发展较慢，生态破坏的程度还没有引起人们的重视，生态效益不明显，社会发展对生态补偿的影响并不大，农业生态补偿政策效率比较低。1998 年天然林保护工程在全国大规模实施起来，使用内部补偿机制，实现经济发展与生态保护的双赢，社会的发展加深了农业生态补偿，在以前的基础上生态补偿政策效率得到很大的提高。由于生态环境的持续恶化，1999 年提出了可持续发展政策，扩大农业生态补偿范围。世界经济逐渐走向一体化，农业生态补偿政策也成为全世界的共识，都开始扩大实行，社会发展对生态补偿政策效率的影响进一步加深。近年来，社会经济发展速度加快，环境污染严重，人们的环保意识不断提高，农业生态补偿政策大规模实施，补偿机制也不断完善，农业补贴结构不断完整，效率不断提高。社会发展阶段对农业生态补偿政策效率的影响程度随着经济增长和社会进步不断加深。

第六章　基于能值的农业生态系统可持续发展

农业生态可持续研究有利于发展地区的农业经营新模式，打造地区间的特色优势产业和链条，促进农业从高投入低产出的粗放式经营向规模化集约化经营靠拢。发展生态农业可持续也是增加农民收益，促进我国现代化农业水平建设的发展，发展生态农业可以带动周边的相关产业发展，促进县域农业耕种模式的变化，因此具有很强的现实研究意义。

基于此，本章综合前文所述，以农业可持续发展理论和生态农业理论为基础，主要通过对比分析通化县农业可持续发展的水平阶段，通过主成分分析法对通化县农业可持续发展情况进行评价，对主要影响其体系运行的因素进行分析，提出针对性建议。

第一节　提高农业生态系统服务价值

耕地生态系统服务具有多样性，涵盖供给、调节、支持和文化多方面。研究表明，各个生态系统服务之间存在密切关联，其中供给服务与调节、支持和文化服务之间多为此消彼长的权衡关系。耕地利用行为也已经折射出了人们对耕地生态系统服务的权衡。如今耕地保护困难重重的主要原因就在于耕地开发利用及管理过程中忽略了耕地的多功能性及其各类功能之间的相互关联，一味追求耕地的生产供给功能而忽略甚至牺牲了其他生态、社会功能，导致管理方式单一，耕地的多功能无法完全显现，耕地利用无法达到效用最大化。将耕地保护提升到耕地生态系统多元服务管理的高度，是耕地保护的出口之一，对耕地可持续利用和经济社会可持续发展具有重要意义。

一、调节—支持农业功能区

（一）从当地居民角度

约束自身行为，不乱砍滥伐，不随意开垦耕地，自觉地保护生态环境，互相监督，对破坏生态环境者要及时制止。

对珍稀的动物资源不射杀、不猎捕，不破坏其生存环境，保护生物多样性。

不引进外来物种，避免导致其肆意繁殖侵占本地物种生态空间，扰乱本地生态系统结构。

对已开垦的耕地不符合开垦条件的要主动进行退耕还林。

（二）从政府部门角度

根据区内各地山地坡度及周围生态环境的具体情况出台有针对性的耕地开垦条件方面的政策，对坡度大于25°的耕地继续实行退耕还林，坡度在20°～25°的耕地因地制宜的“坡改梯”或有计划地开发经济林，对于小于20°的耕地要加强基本农田建设，提高水土保持性能，改善其生态效益，对于失去土地的居民按照机会成本法和意愿调查法确定的补偿标准进行生态补偿。

旅游区、农家乐等应该具有严格的审批程序和监管体系，对违反规定开发并造成生态破坏者给予严厉惩罚，依据“谁破坏、谁治理”原则，责令其进行生态环境恢复。

对采石、采矿企业进行整顿，对生态环境带来严重破坏的责令其停止开采活动并对已开采区进行植被恢复。

对于以上制定的各种法规、条例应广泛征求各利益相关者的利益诉求，以制定更加全面、公平、详尽的政策。

（三）从企业角度

旅游景区，应限制日人流量，污水、垃圾进行统一处理等。

大型工程单位，要防止修建公路干线、过山隧道等活动引起的环境破坏，对造成的破坏应及时进行恢复治理。

二、供给—调节农业功能区、供给—负服务农业功能区

这两个农业功能区具有很大的共同点，都主要提供供给服务，最大的区别在于供给—调节服务区提供的调节服务较多，而供给—负服务区提供的负向服务较大，前者不经有效的管理终将发展为后者，本质是都是人类活动干扰过多而产生了一系列负向服务的区域。随着农药、化肥、机械及水资源的投入不仅促进了粮食产出等经济产出，也由于农作物的生长过程的蒸腾作用、光合作用、吸收作用等对气候调节、固碳、释氧、水源涵养等服务有一定的贡献。但长时间农药、化肥的投入，未被充分利用部分或在土壤中积聚或蒸发、散逸到空气中，土壤的物理性质发生恶化，导致土壤结构遭到破坏、土壤酸化、土地板结，土壤肥力下降。雨水冲刷流入河流使水体富营养化，一些物质遇水、气发生化学反应产生大量的温室气体。随着机械化程度的不断提高，农业机械的使用量愈来愈大，化石燃料的燃烧亦产生大量温室气体。由上我们可以看到问题的根源在于农业生产活动造成的污染，为了避免出现这种恶性循环，应该及时采取必要措施。

（一）从农村居民角度

应提高自身的环保意识，减少和科学地施用农药、化肥，最大限度地提高利用率，避免施用过程中喷洒到土地上，最终形成污染。

增施有机肥，不仅可以提高土壤的有机质含量，而且可以改善土壤的物理结构，增强土壤保水、透气的性能。

增加高效、低害、无残留的环境友好型绿色农药的使用。

对自家已经出现板结、肥力下降的土地进行适度深耕、秸秆还田等，加深耕层的构造，改善土壤的物理性质。

自觉发展经济收益高、环境效益好的农业产业，如绿色无公害果蔬的种植。

（二）从政府部门角度

应该下乡进村推广科学施肥技术、绿色防控技术，定期给农户进行相关技术使用的培训，对于所需的设施费用给予补助，提高农民使用的积极性。

对测土配方施肥加大投入力度，通过对区域土壤进行化验，根据实验结果对土壤缺少的元素进行有针对性的、因地制宜的配方施肥，避免板结。

对于农业要合理布局，实行“一区一县一产业”，培养优良种植业，壮大林业、果蔬等农业产业，以特色产业为中心发展绿色无公害食品，要争取做到每个区县都有自己的特色农业，政府部门要根据每个区县农业发展及生态环境实际情况确定其应大力发展的农业类型并给予资金和技术支持。

第一，保护耕地面积，控制居民建设用地的无序扩张。农业用地面积的变化直接影响着生态系统服务价值的变化，决定着生态系统服务价值的大小。一方面由于退耕还林政策的实施和耕地质量的下降与退化；另一方面是由于城市近几年的快速发展，居民建设用地无序扩张以及交通线路不断扩展，大量占用耕地面积。为了提高农业生态系统服务价值，应该注意，允许建设用地占用耕地，但前提要先补偿后占用；倡导农民多使用农家肥料或有机肥料，合理利用化肥和农药，提高耕地质量；加强政府建设用地审批管理，合理开发各项建设用地，以免过度开发破坏农业用地类型的结构。

第二，加强园地、林地生态系统服务价值合理化建设。从农业用地面积预测和生态系统服务价值预测结果分析可以看出，园地和林地的面积都有不同程度的增加，园地和林地提供的大气调节和水源涵养能力较强，林地占农业生态系统服务价值的比例最大，一方面是因为坡耕地植树造林，耕地等面积向林地的转化；另一方面是因为农业结构调整，政府建立了一系列生态经济林带，以及供观光旅游的农业产业带。政府应注意在保证现有林地和园地的基础上，因地制宜地增加林地、园地、草地面积的比重；同时保护在水体前提下，增加水域面积，合理开发适合都市农业成长的未利用地，使其最大限度发挥生态保护价值。

第三，加强保护和扩大都市农业景观规模。随着人口不断增长，城市化进程不断加快，耕地、林地、水域景观破碎化加剧，农业要素流失，大气调节净化功能退化，出现严重大气污染以及雾霾天气。因此，各个地方政府部门应加大都市农业用地开发整理力度，加强建设基本农田保护区；加强治理区域水土流失情况以及农业用地的污染情况；合理放置和利用垃圾，建设城市绿化环境；合理规划农业用地的数量及空间分布，使农业的生态和社会经济效益同步发展，优化农业用地结构，使农业景观尽快形成规模化，提高农业景观的大气调节以及水源涵养能力，缓解城市化带来的生态环境问题，同时实现农业生态服务价值的提升。

第四，加快农业发展速度。政府应重视都市农业园区的合理规划；加大技术投入，包括人才和科学技术；政府引导其发展的同时扩大其销售渠道，增加其产值，使都市农业加速发展，进而提高都市农业的生态服务价值。

（三）从企事业单位的角度

具有大宗农产品流量的企业、事业单位如超市、学校等应与加强与农户绿色农业对接联系，接收绿色农产品，促使农民进行绿色生产。

投资发展绿色、生态农业，将其作为一种产业来发展，严格监控投入使用的农业生产资料，在保护农业生态环境的同时发展了农业经济。

（四）从农业结构调整角度

针对农业产业结构不太合理提出以下建议：

第一，各个地方应该以现代农业园区为依托利用自身优势发展种植产业、渔业、林业等产业，改变以单一粮食种植为主的农业产业结构。

第二，加快现代农业建设规划建设农业现代园区，合理调整与发展蔬菜种植，将已有的种植规模化发展。

第三，大力发展优势特色产业。

第四，应利用发展自身独有产业的优势，并合理扩大其种植面积，同时将优势种植业规模化发展。

三、提高对耕地生态系统的管理

（一）树立并深化耕地多功能价值观

在如今经济社会发展迅速、耕地资源有限的背景下，耕地的开发利用和保护会直接影响到国家的粮食安全和社会稳定。耕地生态系统作为一个半自然、半人工的复合生态系统，与其他生态系统一样具有多种服务，且服务间相互关联。粮食生产功能是耕地最基本最重要的功能，而耕地的生态功能、社会功能和景观功能等也同样具有重要意义，应该予以充分的重视。耕地保护是全社会的责任。要通过开展相关宣传教育工作，贯彻耕地多功能和可持续发展的理念，使人们充分认识到耕地的多功能性，树立正确的耕地多功能价值观，深化耕地多功能保护的意识，促进耕地可持续发展。

（二）建立耕地多功能价值评价体系

在市场经济环境中，耕地多功能价值评价成果会直接影响到耕地利用的方式。对耕地服务价值评价结果过低会导致耕地被占用，非农化趋势加剧；对耕

地多功能价值的片面评价则会导致各类耕地功能相互竞争，不利于耕地综合效益最大化的发挥。针对现有耕地多功能价值评价的不足，要在耕地多功能价值观的指导下，重新建立耕地多功能价值评价体系。不仅要对耕地生产供给价值进行科学系统的评估，更要探索有效量化耕地调节、支持、文化等生态价值和文化价值的评价方法，使耕地的多功能价值能得到完整体现。在耕地多功能价值评价体系构建过程中，要充分考虑评价的时空尺度效应、评价区域的自然条件和社会经济条件差异以及要各类功能服务间的关系特征，做到评价结果客观准确公正。并且要将耕地多功能价值评价结果纳入国民经济核算体系中，构建绿色国民经济核算体系，为协调经济社会发展和生态保护管理决策提供依据，从而实现人与自然协调发展。

（三）构建耕地多功能价值经济补偿机制

学者们普遍认为经济补偿是促进耕地多功能保护的重要手段。但现行的耕地征用补偿体系主要考虑了耕地生态系统的经济价值，而没有纳入耕地生态系统的生态及社会价值，耕地多功能利用无法给农民带来收益，这在一定程度上导致了耕地的单一利用和分工化。对农民而言，耕地的粮食生产是能带来经济效益的，而耕地的涵养水源、文化休闲等生态和社会价值是当地人民共同免费享用的，无法为农民带来利益。所以农民为了保障自己的生活，会大力开发耕地使其粮食生产功能最大化，这样会造成耕地其他功能的衰弱，导致耕地质量下降；当耕地粮食生产带来的经济效益较低时，农民也会选择弃耕而去从事其他工作，这就又造成了劳动力流失和耕地撂荒的问题。因此，为了保护耕地的多功能性，促进耕地利用效用最大化，政府要基于耕地多功能价值评价的基础，对耕地的经济功能和非经济功能保护都给予相应的补贴或制定相应的优惠政策，以此来提高耕地利用的比较优势，保证农民的经济发展权益，完善耕地保护的约束和激励机制，提高农民保护耕地的积极性和主动性，从而达到占用与保护双重的平衡，提高耕地利用效益。

（四）优化耕地多功能布局

由于耕地生态系统本身的复杂性和人类对耕地利用方式的多样性，耕地功能在空间分布上具有异质性，且不同功能之间还存在复杂多样的动态交互关系，这使得不同区域的耕地生态系统所能提供的功能类型和主导功能都不尽相同。在人类需求日益多样化而耕地资源有限的背景下，优化耕地生态系统的合理功能分区及空间布局，因地制宜地发挥耕地功能，对耕地保护和社会发展都有重要意义。根据耕地自然资源禀赋、区位条件和区域社会经济状况，对全市耕地功能进行科学规划，划分耕地功能区，识别区域内耕地的主导功能，并根据主导功能有差别性地对耕地进行规划、利用和保护。同时，加强耕地功能与区域自然社会经济状况的关联分析，识别影响耕地功能发挥的限制因子，因地制宜地实施耕地价值提升工程。

第二节　提高农业生态补偿政策绩效

在发展绿色农业时，合适的引导是妥善解决绿色农业生态补偿问题的重要前提。通过制定相应的法律法规，带动整个社会资本对绿色农业的发展以及绿色农业生态补偿的支持，从而推动农业产业的转型，实现对环境资源的合理利用和保护，为我国农业可持续发展做出贡献。

我国绿色农业生态补偿的最终目标就是要达到人与自然和谐共生、农业可持续发展、农产品质量得到保障、人民群众幸福感得到提升等的目的。为更好地实现这一目的，就必须在实施绿色农业生态补偿前正确把握人类实践的过程、结果和维度，正确认识自然本身所存在的价值，正确处理人类实践与自然价值的相互关系，并吸收借鉴农业生态补偿的传统做法，结合我国国情和农业生产现状，寻找我国实施绿色农业生态补偿的可行性途径。

目前，为完善农业生态补偿政策，提高补偿效率，需要一方面利用影响参与主体的意愿因素对利益相关者的生态行为进行改善；另一方面要从农业生态补偿政策本身来改善，即通过完善农业生态补偿政策体制，建立健全法律机制，完善补偿方式、优化补偿标准、加大补偿范围等各个方面来进行。

一、树立绿色农业生态补偿意识

马克思主义在社会意识方面做了大量探讨，认为社会存在决定社会意识，社会意识反映了社会存在，并对社会存在起促进或抑制作用。绿色农业生态补偿旨在通过生态补偿的手段来实现绿色农业的顺利发展，这就要求决策方和民众具有一定程度的生态环境保护意识，正确的生态环境保护意识能够促进经济、社会、生态资源的和谐共生，甚至在国家政策法规制定方面起指导作用。

（一）立足环境伦理观

环境伦理学为新兴综合性科学，综合了伦理学、环境科学等交叉学科的理论知识。在人类生存发展与生态环境形成尖锐矛盾的宏观背景下，环境伦理学应运而生，其研究在于调节人与自然的关系，追求人类与生态环境系统的可持续发展。当前，人类所遭遇的生存危机并不是天灾导致的，而是人类发展过程中所犯下的人祸，是人类不节制甚至无限制的利用自然、改造自然的结果。因此，环境伦理学的研究具有整体性和多层次性的特征。在研究环境伦理特征之前，我们首先要认识环境伦理学研究的基本内容是什么；环境伦理学运用不同学科的科学理论，聚焦于人类命运与生态环境系统的伦理道德关系，研究的内容包括环境伦理的道德体系、环境伦理的行为准则、环境伦理的评价体系、个人环境道德修养等。

环境伦理学的整体性特征体现为，在研究人与自然、社会与自然的关系时，将人、自然、社会视为一个有机系统，对其进行整体性的认知和研究，其最终目的在于实现人、自然、社会的有机结合。人、自然、社会的伦理道德关系、社会与自然的伦理道德关系相互作用的结果，大部分是以整个环境系统的综合变化呈现出来的。如传统农业的发展造成环境资源的污染，导致土地的板结、水资源的恶化，进一步影响农业生产用地，使当地的农业产业、人们的日常生活受到威胁，长此以往，人类最终将失去赖以生存的家园，走向灭亡。所以，环境伦理学从道德伦理的角度出发，明确人类与自然相处的基本原则：人类有能力去做的，并不一定是应当要去做的。环境伦理学约束人类在实践过程中行为的规范性，认为实践并不是人类行为的最终目的，因此实践并不能作为评价社会关系合理性的终极尺度，同样，人类应该从自身出发，约束个人与环境道德之间的行为，并遵守：人类有能力去做的，并不一定是应当要去做的这一基本原则。

（二）树立农业生态价值观

自然价值对人类实践行为的指导主要从自然的内在价值入手，转变以往人类通过自然获取的经济和社会价值的观念，引用价值哲学的相关概念为基础，以全新的实践论为指导来实现人与自然和谐发展的目的。农业生态系统作为整个生态系统的重要组成部分，在多方面都具有深刻的价值意义。农业生态系统在人类社会发展过程中表现出多方面的价值。

1. 农业生态价值

生态价值，是指哲学上“价值一般”的特殊体现，在对生态环境客体满足其需要和发展过程中的经济判断、人类在处理与生态环境主客体关系上的伦理判断，以及自然生态系统作为独立于人类主体而独立存在的系统功能判断。生态文明的建设必须从如何很好地理解生态价值出发，寻求实现生态文明建设的基本途径。农业生态价值的体现主要从以下几个方面来研究：第一，地球上生态系统的任何组成部分，在实现自己本身生存价值的同时，也表现出对其他物种的相互作用关系，直接或间接地为其他物种创造生存的价值。农业生态系统作为地球上生态系统的重要组成部分，为生态、资源、动植物等都创造了一定的生存环境。第二，农业生态系统的健康存在对地球整个生态系统的稳定和平衡发挥重要作用。第三，地球生态系统的稳定和平衡发展是人类生存的必要条件和重要前提，农业生态系统更直接地表现出其对人类生存和发展得以实现的重要价值。

2. 农业生态系统的多样性价值

自然不仅孕育了人类，还孕育了各具特色的生物，同样，农业生态系统的多样性价值体现在农业生态的多个方面。最早期人类通过最基本的农业实践后认识自然，并逐渐提升改造自然的能力。我国古代有“鲁班造锯”的故事，鲁班偶然间被一株茅草划破了手指，深入观察发现茅草叶子的边缘长着许多锋利小齿，由此鲁班得到了启发，并发明了一种新的工具——“锯”。生态系统就是具有如此多样性的特征。人类农业实践的结果是农业生态系统的内在价值对人类指导的作用。人类在实践的过程中认识自然，同样也吸取了农业生态系统的潜在价值，人类思维逐渐呈现多样性。

3. 农业生态系统的文化价值

农耕文明是人类史上第一种文明，农耕文明对一个民族的影响是极其深远的，我国农耕文明决定了中华文化最基本的特征。农耕文明的载体就是农业生态系统。农业生态系统决定了农耕文明孕育的文化传统、农政思想等方面，进一步影响了中华文化的特征。中国传统的农耕文明理想模式是“耕读传家”，这种培养模式培育人与自然和谐的观念，契合中华传统文化的价值和真谛，符合当下绿色发展观。

（三）具备正确的实践论思想

马克思认为，人类在自然界进行的劳动创造活动就是最基本的实践过程，人们通过一系列的实践活动，能够逐渐地认识自然和了解掌握自然现象、性质和规律，经过更深层次的实践活动，人类能够更深入地了解到人与自然的相互关系。从中我们可以得知，认识自然和改造自然既是人类的实践过程，还是人类实践的结果，人们能够通过实践认识到当前事物的本质，还能够通过大脑的推论得到事物运动变化后所呈现的现象。传统的实践论仍然以人作为主体，人通过主观能动性来认识自然和改造自然，过分突出了“人”作为主体的重要性，忽略了自然本身存在的价值，这种情况极易使人们产生过分自大的心理，会进一步损害人类赖以生存的自然环境。所以，在正确处理人类实践所应当具备的特征时，我们应该修正和完善传统实践论的不足，最终达到人类实践和自然价值之间形成和谐的相互关系。首先，人类实践要融入自然的内部活动中去，并积极转变传统的人类实践中以“人”为主体的思想观念，把人类的存在放到自然规律的运转下。人类的诞生本就源于自然，进一步说，人类本身就属于自然的一分子，自然孕育了人类，滋养了人类，人类实践的过程与自然界其他动物的行为是有一定相似之处的，但人类有别于其他动物之处的地方是人类必须通过实践才能逐渐拥有认识和改造自然的能力，动物则更多的是通过本能的驱使来进行活动，人类的主观能动性特征赋予人类主动改造自然的能力，人类就应该认识到人类这一物种的特殊性，正确认识人与自然的关系，为守护自然界所有生物的家园而努力，我想这才是人类实践与自然价值相互关系中最根本的原则。其次，在新的人类实践中重视自然的价值，并努力解决人类生存与自然资源矛盾的冲突问题。自然价值外在最直观的表现就是孕育人类和营造适合人类生存的场所，迄今为止，人类并不具备无限制地滥用自然资源而无视任何危险的能力；但从另一个角度分析，人类的生存必须要以一些资源为基础，现在人类获取生存所需资源的唯一途径就是来自地球上的自然系统，矛盾之处就是人口的急剧膨胀所需的无穷资源与自然资源有限性的问题。当下，我国的农业生态环境就处于这样的矛盾中，有限的农业生产和环境资源状况已逐渐不能满足人们的需要，而人们对于农产品的需要又必须从当下有限的资源中取得。所以，在我国实施绿色农业生态补偿的过程中，提高农业科技水平，使得有限的自然资源能够发挥出更高的效用，同时在实践过程中还要保持对自然的爱护和敬畏之情，寻找更多的人类实践与自然价值的相互关系，为人与自然建立更多的相互联系。

二、建立绿色农业生态补偿制度

公平正义观是生态补偿的法理基础。法是公平正义与秩序的结合，它不仅要追求社会经济的有序性，而且要考量社会公平正义。在制定、修正政策措施的过程中，应当始终以公平和正义为最高追求，遵循保护社会公众共同利益的行政价值观。罗尔斯基于社会合作理论，认为在制定政策时必须要满足以下原则：首先，每个社会公众都拥有广泛、自由、平等的权利；其次，社会经济的不平等应当得到合理安排，从而使得经济差异符合每一个社会主体的利益期待，并且依系于地位和职务向所有人开放。根据罗尔斯的说法，在我国绿色农业生态补偿问题思考中，保证补偿的公平正义应从制度层面出发，使政策制定的利益双方或利益多方以中立的身份参与到政策制定的过程中，从价值观上确立公平的取向，反映出公平正义的合理性。

由于获取信息渠道不畅等，还有部分农户不了解循环农业，更不知道如何发展循环农业。农户对循环农业的认识还有一定的局限性，对循环农业的了解不够全面，在循环农业的国家相关政策、循环农业生产技术、循环农业发展模式等方面只停留在感性层面。东林村应打造多元化信息获取渠道，可以让农技员采取走村串户的方式，深入农村调查民意，了解村民的想法，并宣传国家关于循环农业的发展政策；发挥农业企业的信息传播作用，农业企业的经营涵盖农业生产的诸多环节，他们对农业技术的发展与运用现状了解深刻，所以由他们向农户介绍循环农业技术，可直接对接市场需求；鼓励农户学习循环农业方面的知识，树立保护生态环境的意识，可通过电视、广播、报纸等手段进行宣传教育，使农户更易于接受。

（一）制度制定应遵循的原则

1. 生态补偿应协调区域发展的公平正义

保证在绿色农业生态补偿的过程中实现各个区域协同发展、公平发展的重要前提是形成良好的互动机制。我国在发展过程中曾出现过区域公平和总体效率之间的矛盾，总体效率的实现是通过资源的合理配置，以取得最佳的经济结果为最终目的，实现区域经济的快速增长，并带动国家整体经济的发展。经济上的区域公平则是指区域之间的规则公平、竞争公平。生态补偿在关注总体效率的基础上也应把区域发展的公平做好，并通过协调各个区域间农业生态补偿

的均衡发展，完善区域发展政策，加强区域间的交流合作，才能使总体效率与区域公平的矛盾得以缓解。

2. 生态补偿应协调人际关系的公平正义

绿色农业生态补偿的实施仍然需要在以人为本的科学发展观下，运用补偿相关理论和措施来进行。那么，生态补偿涉及的补偿方和受偿方之间如何进行利益的划分，如何保证利益划分的公平性，这些都与绿色农业生态补偿能够顺利开展有着密切关系。协调人际关系公平正义的关键步骤在于机会公平的实现。在补偿方和受偿方参与社会活动时，应要求社会能够确保双方或多方间的机会均等，这是实现权力公平的前提。还应从个人的特点和潜能出发，挖掘人们本身之间的优势部分，满足人的不同层次的需要和不同人的不同层次需要。

3. 生态补偿应协调代际之间的公平正义

1972 年《人类环境宣言》提出：全体人类有权力在共同福祉、有尊严的环境中生存，享有平等、自由的生活权利。与此同时，全体人类还负有为子孙后代改善和保护生存环境的重大责任。实现绿色农业生态补偿过程中关注代际之间的公平正义应从法理的角度出发，从制定合理的补偿政策入手。在政策制定、执行和监管过程中，政策规划具有一定复杂性。在规划政策时，若政策行动者的私利或价值观凌驾于公共规范及全民准则之上，就会造成政策行动者采取不正当的干预行为，这种政策伦理示范行为将会引发巨大的消极后果。绿色农业生态补偿的政策规划要体现代际之间的公平性，在规划和制定政策时，将生态伦理精神坚持到底。在公共政策规划的不同环节，坚持贯彻和落实“公共性”的基本原则。同时，政策的制定者在规划具体的政策时，应当清醒地意识到自身的行为代表着现在和未来社会公众的共同利益，应当主动履行为人民服务、为社会创造福祉的光荣使命。

（二）完善绿色农业生态补偿法律法规

农业生态补偿是一个关于农业生态环境保护和农业生产矛盾的解决思路，而想通过农业生态补偿来解决问题必须有法律的支撑作为后盾，中国的农业现实发展情况和法律建设还没有提供这一条件，因此要建立健全农业生态补偿法律体系。法律体系的构建要点在于要妥善处理农业生态环保和农业生产中错综复杂的关系，提供农业生态补偿政策实施中各个环节上的规范和标准，保证农业生态环境和农业经济发展都能良好运转。欧美国家和日本都是通过立法形式确立农业生态补偿的权威，制定一系列有助于农业生态补偿工作开展的规章制度，同时也推出配套制度，保证生态补偿顺利开展和收获效果。

建立国家层面的农业生态补偿专门法是打破目前法律体系僵局的第一步，可为地方性农业生态补偿法律法规的制定提供标准范式。

实践永不止息，理论的创新和发展也永无止境。对比绿色农业的实践发展而言，我国绿色农业生态补偿的法律建设存在滞后性。当前，已有的法律制度和行政规定与绿色农业发展的实际、社会经济发展的需求不相适应，农业生态环境立法不完善的问题日益突出。鉴于此，我国必须要针对农业生态补偿建立健全的法律机制，对绿色农业生态补偿的范围、标准、实施方案制定明确的法律，从法律的高度对农户的绿色农业生态补偿权利进行确认，建立起科学的绿色农业生态补偿机制。

1. 确立农业生态补偿主体

众所周知生态补偿包括补偿主体和受偿主体。在现行的众多生态补偿行政法规中都是模糊概括，因此两部分补偿主体具体包括什么需要说明。

首先，在农业生态补偿法律关系中，补偿主体应包括农业生态产品的购买者、破坏者和使用者。政府作为农业生态产品的主要购买者和受益者，毋庸置疑要作为重要的补偿主体；农业生产中因违法生产造成农业生态环境破坏和滥用农业生态环境资源的企业或个人，也是补偿主体，这正体现了“谁污染，谁付费；谁破坏，谁补偿”的原则；还有一部分补偿主体是因为通过农业生态资源直接获利的企业组织，例如生态旅游项目开发者或生态公园经营者都是直接享受了农业生态产品，除了缴纳生产经营必要的税，还应该额外对生态产品缴纳补偿费用，为生态环境保护出一份力。

其次，受偿主体是接收生态补偿的组织或个人。它是将补偿资金或物质用于农业生态保护的劳动贡献者，具体包括因为农业生态环境保护而放弃或减少经济作物种植收入减少的组织或个人；因为退耕还林、还草政策或休耕政策而失去土地使用权的农民；还有为保护农业生态环境，修复遭破坏的农业生态环境的服务组织和个人。其中最重要的受偿客体是为农业生态环境保护出让土地、改变农业生产模式的广大农民群众。

2. 农业生态补偿方式多样化

我国目前农业生态补偿开展的补偿方式只是很单一的模式，即政府提供经济补偿，而国际上经常用到的补偿方式有物质补偿、技术补偿和资金补偿。资

金补偿是最为主要的，被广泛应用的生态补偿模式。其中，技术补偿也是应用广、见效快的补偿方式，主要包括提供农业生产中降低环境污染的种植技术指导、畜禽养殖排泄物的合理应用、循环农业的科学运作方式等，例如我国的保护性耕作计划、测土配方施肥都属于技术补偿范畴。

资金补偿作为主要的生态补偿方式，只有保障资金来源的稳定性和持续性，才能实现农业生态补偿的长远发展。当然只通过支付拨款是远远不够的，拓宽资金来源渠道也是我国农业生态补偿工作需要突破的方向。在此认为：一是完善农业金融机构体系，目前我国只有农业发展银行这一政策性银行，融资能力和利率优惠政策都满足不了巨大的资金需求，而且政策性银行只遵循政府政策的引导，灵活性不高。应该建立政策性银行引导，商业银行主要保障，商业银行和小额信贷公司辅助的多方位融资体系，为生态补偿资金注入提供更多可能。商业银行往往能提供利率更低且长期的贷款业务，小额信贷的优势则体现在放款快，审批程序简便等方面，对于大规模农产品经营企业来说，资金周转需要多条路径，在政府生态补偿政策的保驾护航下，还能享受更多的金融优惠政策。二是征收环境税，国际上早已有成熟的环境税征收方案和内容，我国之前在生态环境影响小于农业经济增长的影响下，忽略了这一项税收制度的设立。环境税的征收对象是高污染生产和排放的企业，为了控制它们的生产成本和产量，需要以税收手段增加它们的经营成本。具体到环境税的征收形式有很多种——排污税、资源使用费、消费税等，将获得的税收用到农业生态补偿中作用巨大。

3. 规范农业生态补偿标准

就目前国内生态补偿情况而言，补偿标准就是补偿金额的划定标准，达到不同标准的等级将会得到相应的资金补偿，而这一标准的建立需要通过科学严谨的测算，受生态环境质量差别、地域差异、农作物类别和经营方式不同等多种因素影响。

通过翻阅文献资料，对于生态补偿标准的制定并没有系统的科学依据和参考，只能通过借鉴国外的研究理论来扩充补偿标准的定立渠道。制定规范效用强又合理的生态补偿标准需要考虑各个区域的实际情况，量化补偿标准。首先需要通过 GIS/RS 等技术来收集与农业和生态环境密切相关的信息，运用数学手段来划分农业生态资源分布。其次综合分析不同地区受偿主体的受教育情况、年平均收入、经济作物种植比例等。最后通过信息和数据综合分析，在生态补偿计划实施过程中，对生态补偿主体、生态环境利用者和生态环境质量采用直接量化的方式，利用 SMART（S＝Specific 具体性要求、M＝Measurable 可测量性要求、A＝Attainable 可实现性要求、R＝Relevant 相关性原则、T＝Time－based 时限要求）原则进行综合效用评估，使整个过程都有科学的补偿标准作为参考，达到了生态补偿资源利用最优。①

（三）健全农业生态补偿基础性法律保障

1. 建立农业生态补偿效益监管规章制度

农业生态补偿法律法规实施过程中会涉及两个方面的监督管理：资金补偿的消费监督，补偿后的农业生态效益跟踪。通俗的说法是钱花哪去了、钱花得值吗？因此有必要建立农业生态补偿监督管理规范，作为农业生态补偿法律体系的配套规章制度，发挥生态补偿“警察”的作用。

农业生态补偿的标准肯定是在生态补偿法或地方性的农业生态补偿法中作了明确规定的，像测土施肥方案里的政府划拨款项都是规定了不同比例的支出方案，并强制规定不能挪作他用，之前的农业生态补偿政策没有监管部门也没有监督管理章程可以遵循，也就是缺少了监督环节，资金的去向和政策效用发挥程度都没有解释说明。因此必须出台完善的农业生态补偿监督管理规范，对补偿资金的去向、物质补偿的应用以及最终是否达到农业生态环境良好标准等进行监督管理。

除了监督管理规范外，还应该建立补偿效用奖惩机制。对于农业生态补偿的资金用途和最终农业生态环境的效用评级没有达标的情况给予惩罚；对于达到农业生态环境的效用评级，并很好地履行了农业生态补偿相关规定的情况给予奖励。制定补偿效用奖惩机制有利于刺激农民参与生态环境保护的积极性。其中惩罚措施可以有：补偿资金处罚，少额或全额没收；停止 2 年或 5 年申领农业生态补偿或其他补贴项目；取消财税优惠和物质补偿等。奖励措施有：单独设立奖励基金，鼓励在农业生态保护中的杰出贡献；提供农产品种植技术支持，科学管理农田。提前发放补偿资金，用作种子购买或农产品清洁生产的成本支出等。

2. 完善市场化农业生态补偿监督管理立法

我国农业生态补偿市场化的开展还在初级摸索阶段，虽然目前政府作为行

---

① 李国志，董俊迪．农业生态补偿的国际经验及启示研究［J］．环境科学与管理，2017，42（8）：154－158.

政主体参与生态补偿的大部分工作，但不可避免地要接受市场化的冲击，这在发达国家的生态补偿发展进程中也是必经之路。根据这一现象，应该未雨绸缪，法制化先行。

市场化的农业生态补偿体制，国家政府应该承担更重的责任，做坚强的后盾而不是在前冲锋陷阵无处不在，例如，政府应该建立规范的监管规章制度，为农业生态产品的市场化交易提供安全公平的交易平台，同时为农业生态产品提供者和购买者给予法律保护。立法上需要做出最大变动的是重新明确我国的耕地、林地等自然生态资源的使用权限，保障市场经济交易中买卖双方的合法权益。

3. 健全政策性金融体系

第一，应积极转变政策性银行对农业支持的基本目标方向。绿色农业生态补偿已成为我国农业发展的战略目标，绿色农业的发展能够为国家提供健康、安全、充足的粮食储备，对于保障我国粮食安全具有重要意义。第二，关注“三农”问题，实现农村稳定、农业发展、农民增收，把农村基础设施的建设放在农业政策性金融的长期目标下。农业的发展和农户的增收要以改善农村的基本设施条件为基础，尤其是可以对绿色农业发展提供有力支撑的条件，如水利设施、公路实施、电路设施等方面。第三，改良农业生产环境，为绿色农业的发展提供支持。农业政策性银行在支持绿色农业发展的过程中，要想保证绿色农业产业的顺利进行，必须对农业生产环境加以治理和维护，高质量的生态资源环境才能保证绿色农业高质量的运行。

（四）提高绿色农业科学技术的科研投入

科技创新是推动绿色农业发展的重要动力，政府要加大对农业科技研究的扶持力度，增加绿色农产品的科技含量，实现绿色农业的科学化、技术化，从而提高绿色农产品的市场竞争力，提高绿色农产品的安全性。借鉴先进的科技成果，不断地研究创新，并通过现代的信息技术进行技术共享，增加交流研讨的机会，形成我国绿色农业发展的特色理论，加快科学研究的创新脚步。

（五）依法推广国家层面的农业生态补偿发展计划

1. 依法推行长效有保障的农业生态补偿计划

我国在农业生态补偿领域做过很多实践性的发展计划，也积极建立有特色的农业示范区，但或多或少出现过计划短暂、效果不持续、补偿资金发放不到位等问题，没有做到政策适时的跟踪、反馈和奖惩激励。

要通过立法或政策性文件推出国家层面的农业生态补偿计划，并将计划时间定在十年或十五年以上，农民的利益只有得到长效的法律机制保护，农产品的产量和质量才能稳步提升，农业生态环境才能真正得到改善。

同时建议在农业生态补偿计划框架设定中，鼓励以农场、公社等形式作为补偿客体参与计划，这样土地资源被集中，除了直接资金补偿之外，政府可以提供科学技术种植方案，从气候环境、土壤肥力、水质监测等多方面调查分析，选择合适的经济作物，不但改善农业生态环境，还能让农民经济收益得到最大化。集体参与国家农业生态补偿计划能充分发挥土地综合利用的优势，既能增加农民生产积极性，又能解决综合农业劳动力问题。

同时可以借鉴国外的经验，通过农民申请参与计划，政府审核并签订协议的程序来实施，但这种模式要求国家提供计划申请标准，这里就涉及农业生态环境评测标准的建立，在计划实施前、中、后都有专门的监管体系来为补偿计划做出专业评定，这样农民参与计划有标准，实施计划有标杆，效果收益也有对比，这种带有“竞标”类型的参与模式，能最大化调动农民积极性，同时让农民能对生态环境保护有更多认识，意识到保护生态环境是每个人应尽的义务。

维持高效的农业生态补偿计划运转，必然离不开的关键字是补偿，只有持续补偿，高标准补偿才能实现长期计划的实行，就像退耕还林一样，国家需要设立专门的农业生态补偿基金，专款专用，随着农业经济发展实时提升补偿额度。这对国家财政来说也不是小任务，所以也鼓励引入市场金融机构参与进来，互惠互利，保证长效补偿计划的稳定。

2. 依法完善有机产品认证制度

我国在2014年已经更新完毕关于有机产品认证的实施和管理办法，有机产品认证作为我国目前生态农业的最高级形态，已经是生态产品认证的成熟先驱了。但目前我国有机产品认定并没有与农业生态补偿挂钩，发挥不了更大的作用，因此有必要完善有机产品认证制度，以此作为农业生态补偿中助力农产品消费的催化剂。

虽然国家大力支持有机产品认证，为有机农产品大力宣传，但消费者对相对高价格的农产品消费市场还没有达到乐观形势，国家建立规范化的有机产品认证，包括监测、标准制定、培训等，但并没有相关的补偿政策和经费提供。

这就导致有机产品认证在农民眼里是个高台阶，不敢迈。

关于完善有机产品认证制度有以下具体建议：一是把有机产品认证和农业生态补偿挂钩，补偿农业生产，也应该补偿农产品销售，这样保证了农民在为生态环境利益让步的同时，在其他方面得到收益。具体来说，国家应该设立有机产品认证补偿款项，在生态补偿地区通过技术指导和认证培训，让农产品的质量提升，并协助农民把有机农产品更好地推向市场。二是规范认证标准，推广有机产品示范点，在推广农业生态补偿计划的同时，让参与者更好地了解认证的规则和必要程序，有机农产品消费市场不会一直低迷，更好的宣传推广也很重要。

关于建立国家层面的农业生态补偿计划，必定涉及众多方面，更需要其他的认证制度、监管体系等发挥本职作用，配合农业生态补偿计划更好地实施，同时严谨操作性强的法律制度建设是农业生态补偿开展的首要任务，相信我们能有一个更好的现代化农业发展前景。

三、构建绿色农业生态补偿机制

采用循环农业生产方式有利于农村生态环境的改善和解决规模化畜禽养殖污染问题。增加农户收入，促进村集体经济增加。但在循环农业建设过程中会有额外的生产成本投入，比如沼气建设、堆肥设备、管理费用、电力使用等投入。在带来环境正效应的背景下，政府应该适当地给予循环农业生产者一定的生态补偿。建立合理完善的生态补偿机制，有利于提高农户采用循环清洁的农业生产方式的积极性。实行政府补偿为主，市场补偿为辅的复合型生态补偿机制，从而弥补单一补偿的不足，实现两种补偿方式功能的互补。具体的补偿方式有财政转移支付、限额交易、直接支付和直接交易等。

农业生态补偿政策中的利益相关者是农业生态补偿政策实施过程中的关键，需正确界定其间的关系，才能明确各个利益相关者之间的责任关系，以保障农业生态补偿政策的顺利施行。

（一）构建绿色农业产业市场

社会补偿是指除本区域公共部门以外的其他社会团体、民间组织、流域外的公共部门针对生态环境保护所提供的补偿。当前，我国高度重视对生态环境保护、污染治理的宣传和教育工作，积极鼓励社会公众参与到生态文明建设中来，吸纳民间资本来开展环境建设工作，取得良好成效。

首先，做绿色农业龙头企业。大力发展龙头企业的目的是基于绿色农产品形成市场化、规模化来考虑的。龙头企业具有技术条件好、产品市场占有率高、取得的效益好和带动绿色农业发展能力强等特点。大力鼓励和支持龙头企业的建立，提升我国绿色农产品的品牌知名度，提高绿色农产品的品牌附加值，带动绿色农产品快速发展。一方面要在当下“大众创新、万众创业”的背景下提高对绿色农产品企业的扶持，从国家补贴到当地政府条例倾斜等措施开展，鼓励企业进行科技创新和技术改造，开展自主品牌；另一方面，发挥企业的带头作用，要从根源上强调，绿色农产品企业的设立为绿色农业从业者带来了经济收益，间接的绿色农业健康发展和农业生态补偿提供了经济支持，为当地的生态资源保护、生态资源改善作出了巨大贡献，所以，要积极鼓励企业和农户形成固定的产销结合体，借鉴国外“订单经销”模式，不仅可保证绿色农产品的正常供给，同时也可避免绿色农业供销失衡情况的发生。

其次，推行绿色农产品市场准入制。我国推进绿色农产品市场准入制要制定“三步走”策略。一是开展绿色食品的有机认证，建立绿色食品的有机认证企业，制定认证标准；二是建立绿色食品农贸市场，或者在部分农贸市场设立特定的绿色食品经销处；三是紧抓绿色农业示范区建设，高标准、严要求地完成示范区内的绿色农业产业链的建设。

（二）加强政府和社会资本合作运营

政府补偿是指由政府提供资金或物质资源来对农户进行补偿，这主要取决于政府保护生态环境、建设生态文明的职能。在政府进行补偿的过程中，能够形成完善的公共支付体系，为土地使用者、公共资源的经营者提供损失补偿。对比其他模式而言，政府补贴的资金来源稳定，以政府的财政收入为主。但这种补偿机制会给政府财政形成一定的压力。鉴于此，应当实现政府补偿和社会补偿的结合。其中，社会补偿是指除本区域公共部门以外其他社会团体、民间组织、流域外的公共部门针对生态环境保护所提供的补偿，以补偿使用费、转让费、土地出让费等为主要补偿形式。在社会补偿中，生态环境保护服务的提供者和受益者实现信息共享和相互磋商，不同社会资本力量共同参与生态文明建设工作，发挥合力来维护生态环境平衡。在政府和社会资本合作补偿领域中，最常见的合作方式为 PPP 模式。PPP 模式是指由政府招商引资，授予社会资本力量公共服务项目的特殊经营权，由社会资本力量来建设、运营。在规定期限内，社会资本力量享有项目的收益权、经营权。一旦规定期限到期，社会资本力量就需要无偿将项目移交给政府。PPP 模式能够有效改善政府的公

共服务质量，为社会资本提供丰富的投资机会。与此同时，也是加速政府职能转变的有力举措。当前，PPP模式发展迅速，具有无限的发展潜力和广阔潜力，但该模式存在一定缺陷。在具体实践过程中，应当对其优势和不足形成清醒、全面的认识。

首先，正确认识PPP模式对绿色农业生态补偿的作用和意义。PPP模式绝不仅仅只是单纯的融资工具，它的作用还包括：其一，在公共部门引入私人部门的资本，能够弥补政府的资金缺口，为绿色农业提供资金支持；其二，PPP模式为民间资本提供更为公正、丰富的投资机会；其三，PPP模式是对公共服务领域垄断的一种突破，致力于为不同类别的投资主体创造一个自由、公开、平等竞争的市场环境，有益于提高公共部门的服务效率和质量；其四，社会资本在享有项目特许经营权后，在项目生命周期内承担建设、运营等责任，能够有效缓解传统投资模式下政府投资、建设、运营相互脱节的矛盾；其五，PPP模式能够减轻地方政府的财政压力，将政府和市场机制的共同作用发挥出来，推动地方政府转变自身的服务职能。我国城镇化水平仍处于较低位置，加强政府和社会资本合作补偿的方式一定程度上能够满足绿色农业生态补偿所需的财力、人力等的需求，客观上需要政府之外的多元投资主体参与，还能够促进政府在公共领域中绿色农业体制机制改革的发展，有助于为绿色农业发展以及生态补偿的实践创造良好的市场运营环境，为社会资本提供更多机会。

其次，正确把握PPP模式的冲突。公共服务的公益性目标与社会资本追逐利润的目的存在分歧，应对PPP模式的发展前景形成正确认识。借助PPP模式吸纳社会资本后，公共服务本身的公益性与社会资本追逐利润的本质存在矛盾，这是阻碍PPP模式发展的重要瓶颈。结合国际经验来看，美国、英国等国家早在20世纪80年代就开始运用PPP模式，但截至2018年，PPP项目在英国公共投资中所占的比重低于5%，充分表明了PPP项目难以落地、磋商存在诸多障碍的特征。要正确认识到政府和社会资本合作可能发生的冲突点，及时调节两方的矛盾。在绿色农业生态补偿的PPP运营模式下，将政府的指导作用发挥出来。借助PPP模式吸纳民间资本，并不意味着政府完全卸下提供公共服务的重担。尽管由社会资本方来完成公共服务的建设和运营，但在项目的生命周期内，政府应当扮演好引导者的角色，对社会资本方的运营行为、建设行为进行监督和管理，确保公共服务质量满足市场需求和建设标准。其次要保证政府切实履行好监管职责。由于社会资本力量以追逐利润最大化为首要目的，且PPP模式存在信息不对称、资源垄断等天然缺陷，若政府在PPP模式中无法及时发挥出监管作用，或未建立起完善的社会监督机制，社会资本的行为得不到有效制约，就可能会引发公共服务质量下降等严重后果。

（三）实现多种补偿方式协同发展

绿色农业生态资本运营能够产生良好的正面外部效应。它挣脱了传统农业生产所具备的不足，在保证农产品生产规模和质量安全的前提下实现对生态环境和自然资源的保护。绿色农业生态资本运营能够给社会全体带来益处，但这种收益却很难借助市场机制传递给绿色农业的经营者。并且，绿色农业的生产对生态环境资源要求很高，绿色农业从业者需要投入更多的财力、物力进去，生产成本比常规农业的成本增加好几倍的投入，在生态脆弱地区，呈现出生态环境的建设者和受益者分离的状况，绿色农业从业者自然不愿发展高成本、低收益的绿色农业产业。这对于解决我国生态环境资源污染问题，促进农业现代化产生强烈的制约作用，严重打击农户从事绿色农业生产的积极性。鉴于此，建立针对绿色农业经营者的补偿机制显得尤为重要。

1. 健全生态购买的补偿方式

生态购买补偿的本质为生态效益管理，从理论角度而言，生态购买补偿与“空间激励行为”存在共通之处，都是国家针对特殊区域制定补贴政策来推动经济建设的发展和保护生态文明。生态购买的农业生态补偿方式在生态脆弱地区所显现的价值更大一些，其主要目的是实现生态脆弱地区农业从业者经济增长和生态环境资源保护共同朝向良好态势发展的局面，并最终形成农业经济和生态保护的良性循环。在生态脆弱地区实施生态购买补偿方式，并组织当地的绿色农业相关部门进行绿色农业的技术指导和技术培训，按照约定的时间从绿色农业从业者处购买绿色农产品，不仅可以激励农户加入绿色农业生产，保护农业生态环境，而且可提高农业的竞争力，为当地的工业、建筑业等提供支持。

2. 完善生态捆绑的补偿方式

生态捆绑将当地企业与区域生态环境的传统博弈模式彻底打破。借助生态捆绑这一手段，企业和区域生态环境形成一个统一的利益共同体，企业会自觉调整自身的经济增长模式，从而满足区域生态环境保护的需求，进而实现企业发展与环境保护的平衡，二者相互促进、实现良性互动。生态捆绑的模式为了实现当地生态资源和经济增长和谐共生发展，以当地的企业为依托，把企业的

考核标准同该区域的生态发展质量相关联，通过这种方式达到对生态环境和自然资源的保护。在生态脆弱的区域开展绿色农业资源生态资本运营时，可依托公司和农户合作的基本模式，开展规模化、集约化的绿色农业生产。基于科学的统筹规划、有计划的组织实施和有力的控制手段，将清洁生产、标准化生产贯彻落实到实处，积极探索全新的资本化生态要素，对绿色生态技术进行研发和创新，从而生产出具有科技含量、低成本、高质量的绿色产品。

（四）积极转变农业发展方式

首先要建立耕地生态补偿基金。建立耕地生态补偿基金的目的在于救济有毒耕地，对有毒耕地进行预防和修复，为保护耕地生态或因有毒耕地而受害的农户提供补偿。其次，要引导、鼓励农户实现自我救济和相互帮助，鼓励农户采取科学、现代化的农业生产模式，尽量减少农药、化肥等化学制品的使用，以施加有机肥的形式来增加土壤肥力，采取集约化、标准化的方式来利用耕地资源，对农业生产过程中产生的农业废弃物、有毒污染物进行无害、清洁处理，从而改善耕地质量，实现对生态环境的保护。最后，要建立起完善的农产品认证制度，推动农业从追求规模、追求产量，到追求质量安全与生产规模并重的科学模式。引导农户主动与具备清洁生产技术的企业展开合作，依托清洁生产、环境友好型生产技术，减少农业生产过程中产生的污染，从而实现对耕地生态环境的优化和完善，推动农业的可持续发展。

总之，我国绿色农业的发展任重而道远，我国绿色农业实施生态补偿是一项系统工程，涉及面广，多方联系紧密，不仅要考虑到每一方的利益诉求，更要把多方结合起来，研究双方或多方之间的影响。在我国，绿色农业实施生态补偿的意识、制度和物质层面的各项研究都是互相依存、互相影响的，必须把其看作共同体来进行研究。

第一，优化利益相关者行为，提高农业生态补偿政策绩效。优化改进补偿主体政府的主导作用，提升农业生态补偿政策效率。提高农业生态补偿政策绩效要坚持发挥政府的主导以及协调作用，健全农业生态补偿政策的监督管理机构，同时还要加大市场的参与度，二者相互有效结合。政府依据农业生态补偿政策对因保护农业生态环境而经济利益受损的人或者因为农业生态环境破坏而受害的人进行补偿，使其得到相应的经济回报或者其他方面的补偿，对农业生态环境造成损害的个人或企业，也应该作为补偿主体实行补偿，承担相应的成本和责任，遵照公平公开的原则，预计农业生态补偿政策的施行效果，统筹规划，才可以更好地使农业生态补偿政策的绩效得到提高。另外政府要出台政策支持，扩大对农业生态补偿政策的推广和教育，培养专业型人才，扩大对农业生态补偿的技术投入，提高技术水平和生态效率，减少投入成本。发挥市场机制作用，拓宽融资途径，缓解政府的财政压力，优化资源配置，找出合适的生态补偿核算方法，提高农业生态补偿政策的施行效果。

提升农民行为的主动性和积极性，改善补偿政策绩效。农民在农业生态补偿政策的实施过程中具有十分重要的地位，要提高农业生态补偿政策绩效首先要提高农民参与农业生态补偿政策的积极性，增加农民爱护农业生态环境的认识，不能只领取补贴而不保护环境，鼓励农民使用有机产品。另外，加大对农民的农业生态补贴，增加农民的经济收入，提高农民的文化水平，农民才会自觉保护农业生态环境，更好地提高农业生态补偿政策的施行效果。

总之，重视利益相关者的利益保护，提高利益相关者的行为意识以及保护农业生态环境的参与度以及积极性，科学引导利益相关者的行为，提高利益相关者的满意度，补偿主体和补偿客体共同施展作用，更有利于提高农业生态补偿政策的绩效，维护农业生态环境，维持农业生态平衡，实现农业的生态可持续发展。

第二，改进生态生产效率，不断完善农业生态补偿政策体系。健全农业生态补偿政策体制，才能使农业生态补偿政策的实施效果愈加显著，实现农业生态环境不被继续破坏，农业生态可持续的目的。

建立健全农业生态补偿法律机制，要提高农业生态补偿政策的绩效，首先就要把农业生态补偿政策以立法的方式确定下来，使其有法可依，确保其法律的地位，具备一定的强制性，使农业生态的破坏者必须担起保护农业生态环境的责任。同时还要提高农民对相关法律的意识，增加农业生态补偿政策方面的知识，建立健全农业生态补偿的法律机制。

健全农业生态补偿政策的法律体系，还要坚持公平性、开放性原则，以规范农业生态补偿政策的管理体制。完善监管机构，确定补偿主体以及客体，施行有利于农业生态环境保护的投融资政策，以此来激励农民进行农业生产，调动其积极性，保证生产效率的提高，形成多元化的农业生态补偿，让农业生态补偿政策的法律体系更加规范，使其有法可依。只有确保了农业生态补偿政策的法律地位，才能进一步提高农业生态补偿政策的施行效果，达到保护农业生态环境的目标要求。

建立健全监督管理机制，健全农业生态补偿政策体系，要完善有关农业生态补偿政策的各个机制，尤其是监督治理机制，这是提高农业生态补偿政策的实施效果的重要部分。建立健全农业生态补偿监督管理机制首先要设立专门机

构监督农业生态补偿政策的实施，形成有效的监督体系，严格监督一些农业生态补偿项目的建设，不断调整进步，改进管理方法，保障农业生态补偿的经济效益和生态效益。其次根据我国农业生态补偿政策的实际，并参考国内外先进的实践和经验，转变农业生态补偿理念，遵循科学发展观，坚持体制、理论和政策创新，统筹农业农村经济共同发展。

完善补偿方式，当前农业生态补偿方式主要是根据政府的政策决定的，补偿方式以及资金来源单一，补偿范围也比较狭窄，要加大补偿方式的多样化、梯度化、专业化以及动态化，改善农业生态补偿方式。

我国农业生态补偿方式主要是政府补偿，市场补偿参与较少，而且重资金补偿、实物补偿，轻技术补偿、政策补偿。完善农业生态补偿方式，要使政府以及市场相互结合，加大市场参与力度，政府可以通过政策补偿筹集资金，市场则能够采用多个主体参与，更多地筹集资金。资金补偿和实物补偿相对来说比较方便直接，但是综合当前补偿现状来看，实施的效果并不是很明显，补偿很多都没有落到实处。这时候可以采取技术补偿和政策补偿等其他补偿方式，如技术补偿可以让被补偿者拥有技能，可以从实质上解决被补偿者的生产发展问题，更好地保护农业生态环境；政策补偿可以平衡各个地方因保护环境造成发展机会不平等的现象，实现公平公正。并且由于各个地区经济发展水平、农业生态环境、收入水平以及人们的接受意愿等有很大的差异，确定农业生态补偿方式并不是一蹴而就的，需要反复考察和实验，因地制宜地采用不同方式。总的来说，不同的补偿方式有不同的优缺点，应该相结合使用，使农业生态补偿方式施展更大的功能。

优化补偿标准，我国目前的农业生态补偿标准并不适当，补偿额度较少考虑到地理区域以及经济发展水平还有生态环境质量的不同，容易形成“一刀切”的局面。要组织一些专家进行调研以及实际研讨，科学地制定有差别的农业生态补偿标准。在具体实践中，要采取因地制宜的原则，尽可能考虑到本地的实际情况，采取不同的计算方法对其价值进行评价，用评估的结果来作为制定生态补偿标准的根据，并且对各个利益主体的支付意愿进行分析，确定适合的农业生态补偿标准。

依据对河南省农业生态补偿政策实施效果的分析，优化农业生态补偿标准，要体现出其公平合理性以及动态性，对每个地方的农业生态补偿都要结合实际公平对待，实行有差异的补偿标准，并且每年都要依据地区的生态环境和经济发展的真实情况，动态制定补偿标准，不能一成不变。因地制宜地结合生产机会成本以及农业生态环境的服务价值，采用操作性强、被接受度高的科学化的核算方法，才可更准确地平衡各个地区的经济利益和生态环境，进而保证农业生态补偿政策长期且有序的运行。

目前我国的农业生态补偿标准中，也实行了一定的差别标准，但是这种划分非常粗糙，例如东南地区和东北地区，这并不符合各个地区的真实情况，所以我国政府的有关部门在制定不同补偿类型中的补偿标准时应思虑不同地区的状况，将补偿标准更加细化，并且制定最高补偿标准以及最低补偿标准，在这个基础上使各个县市能够根据当地补偿情况的损益程度，再制定不同的补偿标准，让农户自主考虑是否参与补偿，保证补偿资金或者其他补偿的充分使用。

四、加强基础设施建设

发展循环农业生产，基础设施的建设是硬件条件，也是实施农业生产的基础。虽然东林村农民生活水平提高，农户收入增加，实现了交通畅通，自来水设施、村公用电话、村广播等基础设施不断完善，但在农业机械、农机具设施建设方面还有待提高。东林村应加快河道、管道等灌溉设施，农村道路、农机服务机构的建设，加大高标准农田基础设施投入力度，加强集中育秧、预冷贮藏、粮食烘干等配套服务设施的建设；加强农田水利设施建设，提倡滴灌、喷灌技术，减少化肥农药的使用，增加有机肥施用力度，提高土壤肥力，防止水土流失；改造中低产田，建立高标准农田；循环农业减量化原则要求减少农业生产中的外部能源投入，那就必须合理利用资源，提高资源利用率，采用清洁生产方式，推广使用清洁能源，发展绿色节约型农业。通过这些措施可以提高循环系统的净能值产出率和能值密度。

五、完善合作农场治理机制

行政权利高度集中，导致其他生产管理者与经营者缺少参与激励。农场的普通员工没有积极有效地参与到农场的管理决策中，重要决策基本由村两委制定，党员代表议事制度实际只是起到上传下达的作用。基层的员工或者管理者缺乏对信息的获取及表现出对农场事务漠不关心的态度，积极性不容乐观，这不利于农场的稳定发展。因此要求政府减少决策干预，多在信贷、农业技术和农业政策方面加以指导和扶持。

此外，还要夯实补偿物质基础，提升补偿能力。目前，还有部分农民的物质基础比较薄弱，经济实力较低，要夯实补偿物质基础，大力发展经济是根

本。不同的经济发展水平影响着农业生态补偿政策的实施，要提高农业生态补偿政策绩效就需要有强大的经济基础做支撑，为补偿创造良好的物质基础。鼎立发展第二、三产业，提高经济发展水平，为农业生态补偿政策的施行提供资金支持和物资支持，提高农业生态补偿的额度。提高经济发展水平，能培养大量科技人才，提高农民的文化素养和保护农业生态环境的认识，更好地调整农业产业结构，优化各种资源的配置，完成农业生态可持续发展的目标，进而提高农业生态补偿政策的实施效果。经济发展水平得到提高，农业生态补偿才会有强有力的资金支持，夯实补偿物质基础才会得到更有利的保障，达到提高农业生态补偿政策绩效的目的。

六、推动循环农业技术创新

循环系统的能源利用效率随着能源物质的投入加大，却未能得到相应的提高，需注重科技的投入与转化。结合当地农业发展条件，政府要加大科技投入，推动技术创新，合理利用资源，优化生态环境。成立技术推广站，加强循环农业技术推广，用先进的技术为循环农业发展提供保障。充分利用农业科研资源，开展与科研院所和农业学校的合作，激励技术人员创新技术，制定优惠政策吸引更多资金和人才服务村集体经济组织，提高农业技术的贡献力。另外，注重品牌建设，提高农产品知名度，注入当地文化，增加产品市场竞争力。强化科技创新，有助于农业系统资源的再循环与再利用，从而提高可更新率、降低环境负载率。

七、因地制宜推广典型模式

面对我国农村面源污染严重、农民人均资源匮乏和农业生产效率低下等问题，大力提倡循环农业生产符合我国农村的现状。循环农业生产方式符合绿色、清洁、高效生产要求，能够解决规模化畜禽养殖污染问题。各地应结合地理条件、社会条件等因地制宜发展循环农业，坚持可持续发展战略要求，运用定性、定量方法分析每种循环模式的特点，然后选择性地引入当地生产，发挥资源优势，突出当地特色。政府制定农业发展战略时，应围绕生态农业建设目标，合理规划布局，可借鉴典型推广模式，但也要避免盲目发展。

第三节　农业生态系统可持续发展路径构建

一、加强生态环境建设，保护不可更新环境资源

加强生态环境建设，促进农业生态系统可持续发展。

首先，保护耕地资源，控制水土流失。耕地的保护必须以政府为主，明确政府在保护耕地中的责任，加大对乱征土地及造成土地污染事件的惩处力度。同时，以市场为辅，合理调整土地资源的供给与需求。加快对水土流失治理的步伐。要采取合理的措施，修建一些水库、塘坝，搞好拦蓄截流，同时改善土壤环境，全面提高保持水土流失的能力，为促进区域生态布局合理化提供有力支持和保障。

其次，要科学合理地使用化肥、农药和农用塑料薄膜等。大量地使用化肥、农药，一些有害有毒物质残留在土壤中，不仅污染地表和地下水源，破坏土壤结构，而且还会影响农产品质量。一些农用塑料薄膜难以降解，如果不及时回收，会影响土壤的透气性，阻碍农作物根系吸收水分及根系生长，导致农作物减产。因此，要不断提高化肥、农药和农用塑料薄膜等的利用率，减少其残留物对水域、土壤和农产品造成的污染。同时，推广合理和科学的耕作制度，有效减少化肥流失。

最后，植树造林、封山育林，建立山地基本的农业生态安全区。以建设生态文明和大美新疆总目标，大力实施林业重点生态工程，建立自然保护区和林业示范基地，为农业生产创造生态屏障。

应当重视防治水土流失，找到合适的治理途径和方法。以小流域为单元来开展水土保持和综合治理工作是可行的。坚持因地制宜、切合实际的原则，根据实际情况选择适合的生物防治、工程防治和其他有效的防治措施，争取在保证正常农业生产的前提下，既达到良好的防治水土流失的效果，又促进生态和谐和环境保护，增加生态和经济双重效益。还可以因地制宜，改良目前的耕作制度，保护土壤，免耕或少耕；推广秸秆覆盖耕地的技术方法，减少水土的流失。

应当重视生态环境建设，在全市范围内建设一道林地、草地相互结合的绿色屏障。具体措施如下：建设生态环境绿色廊道，坚持林草结合，建设生态隔

离防护带，重点加强道路交通、沿河、沿湖等的生态隔离，建设防护林地和防护草地；加快建设绿色生态网络，农田、草地和林地相结合，合理安排达到生态林地和草地与农田良性发展的目标；提高居民的生态环境保护意识，人人参与到环境保护和生态保护当中来，为农业生态系统的持续发展创造良好的生态和自然环境。

应当加强节水农业的发展，及时加强蓄水机制和工程的完善和建设，实现水资源合理、充分利用，解决降水的强季节性所带来的洪涝灾害。另外还需要提高土壤自身的蓄水能力，改良土壤性质，进一步提高水的利用效率；改进地面灌溉，推广节水农业，推广水资源利用效率更高的微灌、滴灌技术。

总之，要促进农业生态系统的可持续性发展，一方面要优化系统的能值投入和产出结构，增加工业辅助能的能值投入，提高对资源环境的利用效率；加快产业、产品转型与升级，提升农产品加工水平，增加农民收入。另一方面要保护环境资源，减少农业生产对环境的污染和破坏，促进生态环境的可持续发展。

二、提高利用能源的效率，优化投能结构

在农业生态系统中，不合理的投能结构应当进行切合实际的调整。首先应当逐步减少系统内购买能值的投能，以此来减缓寻求经济发展而对自然环境造成破坏，使该项能量的投能值占据投能总值的75%～80%即可。由于工业辅助能和有机能的投能结构不合理，所以，必须适当减少有机能的投能值，增加投入工业辅助能。有机能投能值需要减少，这样就能控制和削弱资源在系统中的地位，改变资源消耗过多的现状。

优化系统能值投入结构，增加经济投入能值，提高农业生态系统运行效率。在许多地方农业生态系统中，普遍的能值投入结构不合理主要分三个方面：环境资源能值与经济投入能值搭配不合理，经济投入能值中不可更新工业辅助能与可更新有机能能值搭配不合理，不可更新工业辅助能能值投入内部结构不合理。优化能值投入结构，提高经济投入能值，同时平衡工业辅助能能值内部结构是提高系统效率的主要手段之一。具体来讲，主要分三个方面：其一，要想办法扩大工业辅助能能值投入，优化工业辅助能投入比例，尤其要增加农用机构、农膜技术的比重；其二，大力引进先进生产技术，推广地膜覆盖，提高机械化水平，实现农业现代化；其三，对于有机能投入结构而言，要逐步减少劳力能值的投入，增加其他有机能能值投入。

优化系统能值产出结构，继续加快产业、产品结构调整与转型升级。优化系统能值产出结构，进一步加快农业产业、产品结构调整与转型升级，提升农业生态产出效率。调整农业产业结构，应该因地制宜，结合地区特色，整体规划，一要将重点放在传统种植业、畜牧业、特色林果业、生态渔业等比例结构的调整上，二是要在种植业的内部结构优化上下大力气。农业产业结构调整的关键是优质，重点是特色，落脚点是效益。①

在种植业方面，首先要保持当地特色产业的优势地位，依据市场需求，优化调整农业内部结构。如加大优质小麦和玉米的生产比重，加速优质粮、专用粮的生产发展。在适宜地区积极发展大豆等豆类作物生产和水稻、薯类种植。适当扩大油料种植面积，加快新品种改良推广，注重提高产品质量。扩大蔬菜种植面积，推广大棚技术和塑料薄膜的使用，提高产量。加大特色水果的种植，提升产品竞争力。

在畜牧业方面，在充分发展自身优势的基础上，增加肉类、奶类、蛋类的能值产出，不断提升畜牧业发展水平，挖掘发展潜力。一方面要落实国家扶持畜牧业发展政策（奶牛良种补贴、能繁母猪补贴与保险等）；另一方面要在生产方式上，实现由粗放式经营向集约化经营转变，从根本上改变牲畜完全依赖天然草场的传统习俗，逐步形成专业化、规模化、标准化、产业化、社会化的优质畜产品生产基地。

在林业方面，随着林业产业转型升级的加快，特色林果业发展较为迅速，同时大力实施林业重点生态工程，大力发展生态林业民生林业，建立自然保护区和林业示范基地。

在渔业方面，充分利用众多无污染的河流、湖泊，增加产业投入，提高养殖技术，引进名优品种，扩大渔业发展规模，发展高效渔业、生态渔业，提升渔业的发展水平和在农业生态系统中的产量与能值占比。

在充分发挥自身种植业的优势，在种植业快速发展的基础上，根据市场需求，调整和优化畜牧业合适的发展规模，转变林业发展模式，提升渔业的技术水平，增加林业和渔业的资金投入，扩大产业规模，提升整个农业的发展水平和生态经济效益。

---

① 熊聪．黄河中下游地区农业生态系统健康评价［D］．开封：河南大学，2013.

三、发展农业科技，对工业辅助能值内部投能结构进行调整

增加农业科技投入，提高自然环境资源的利用效率，增加农业经济竞争力，需要加大农业的科技投入，提高农业生产的技术水平，提高对资源环境能值的利用效率，减少农业生产对环境的影响。可从三个方面提高农业的技术水平：其一，提高水资源的利用效率。降水量对农业生态系统的能值投入影响较大，稀少的降水量在很大程度上影响并限制着农业的发展。因此，在降水量不充足的情况下，需要节约用水，提高水资源的利用效率。农业生产大部分靠灌溉的方式，可以采取定额灌溉等措施为作物适时供水，加大引进滴灌等先进灌溉技术的力度等。其二，提高化肥、农药的利用效率。农药和化肥的能值投入量，一直以较快的速度增长着，尤其是化肥的能值占不可更新工业辅助能的比例在50%以上，随着化肥、农药的施用量增加，对环境造成的压力也持续增加。这就需要政府部门加大对农业科技的投入，研发一些对环境影响小的新型化肥和农药产品以及一些提高使用效率的设备等，在控制甚至减少使用量的情况下，提升使用效率，增加农业产量。其三，提升机械化水平。农业生态系统中，劳动力能值投入较大，而机械动力能值在工业辅助能中占比仅为0.05%左右。在增加机械动力投入的基础上，积极研发和引进一些更为先进的农业机械设备，提升农业的机械化、现代化水平。

调整工业辅助能值的内部结构，目前部分地方农业生态系统投入的化肥能值太多，农用机械能投入太少，减少化肥的投入，能够减少环境污染，因为化肥是产生农业面源污染问题的主要原因，并且是造成破坏土壤结构，造成土壤板结的重要因素。让农用机械能的投入量控制在工业辅助能的50%左右，其他工业辅助能也在50%左右，大力引进先进生产技术，推广地膜覆盖，提高机械化水平。

农业生态系统应当增加科技的投入，发挥现代科技在农业发展中的促进作用，促进寿光市农业生态系统的持续发展和良性的物质循环。将农业传统技术与现代科技结合，完善农业产业体系，将粗放的农业模式转变为科技型、集约型和高效型的现代农业模式。

另外，必须广辟肥源，增加对有机肥能值的投入。这样能改变过度使用化肥的现象，还能提高土壤保持肥力的能力。推广新的更加环保的施肥技术，普及环保理念，鼓励农民使用有机肥，对禽畜养殖区进行合理规划，提高畜禽排泄物的利用率，推广秸秆还田和生物防治的技术，逐步减少农药和化肥使用量。同时大力发展节水农业，提高水肥药三者的利用率。还需要加大对种子的科研力度，研究良种等。

利用好农业生态系统中的自然环境优势和市场优势，打造国际知名农业产品品牌。

四、提高劳动者素质，对有机能值内部的投能结构进行调整

对有机能内部投能结构进行调整，首先减少劳力投入，将大量的农村劳动力向农业产业转移。加大机械、科技能的投入，大力发展农业科技和现代农业企业，回流农村劳动力。

兴办各种类型不同层次的农业技术培训学校，建立合理的生态农业系统发展模式，培养更多更专业的新型农民，提高农民素质，为劳动者送去专业农业技术和知识。建设农技推广队伍和服务组织，留住人才，积极推广各个领域的农业科技创新。创建农业合作组织，实现农业规模化、集约化，以此促进大型农业机械的普及和使用，提高劳动效率，增加能值产出。加大力度推广企业与合作组织的合作，创新农业经营模式，对农产品进行精深加工，以此提高农产品附加值，提高农业生态系统的经济效益，增加能值产出。

五、提升农产品加工水平

提升农产品加工水平，增加农民收入和农业经济投入的来源。增加农业生产的经济投入单靠政府部门是远远不够的，更多的是依靠农民。这就需要提升农产品的加工水平，延长农产品产业链，增加农民收入，从而才有可能大幅度地提高不可更新工业辅助能的能值投入，提高农业生态系统的能值投资率。农业产品除了满足农民自身的生活需要外，大部分农产品以初级产品的形式流向市场，二次升值少，未能真正形成产业，造成农民收入低，农业整体的经济效益低。通过构建一个完整的农产品加工体系和产业链，对农产品进行深加工，增加其附加值，不仅可增加农民的收入，提高生活水平，还可从根本上解决农业生态系统经济投入能值不足的问题，有利于农业的可持续发展。

参考文献

[1] 白传波. 蔬菜—林蛙—蝇蛆三位一体循环农业生产模式能值评估［D］. 长春：吉林农业大学，2016.

[2] 陈锋正. 河南省农业生态环境与农业经济耦合系统协同发展研究［D］. 乌鲁木齐：新疆农业大学，2016.

[3] 陈莎. 基于生态系统服务权衡的农地格局与利用决策研究［D］. 杭州：浙江大学，2021.

[4] 程相友. 农地流转区域性差异及其对农业生态系统的影响［D］. 重庆：西南大学，2016.

[5] 崔晶. 基于能值理论的循化县农用地可持续性研究［D］. 兰州：西北师范大学，2017.

[6] 代康宁. 环渤海地区农业生态补偿机制研究［D］. 荆州：长江大学，2020.

[7] 董佳. 基于能值分析的循环农业评价研究［D］. 南京：南京农业大学，2018.

[8] 段颖琳. 甲积峪小流域农业生态系统服务价值评估与优化［D］. 重庆：西南大学，2015.

[9] 高耸耸. 徐州农田生态系统服务价值研究［D］. 北京：中国地质大学（北京），2015.

[10] 韩晔. 西安都市圈农业生态系统服务权衡与协同关系及其驱动力研究［D］. 西安：陕西师范大学，2016.

[11] 焦利锋. 淮南市生态经济系统能值分析与评价［D］. 合肥：安徽建筑大学，2018.

[12] 匡奕敩. 我国南方丘陵山地生态系统服务与社会经济协同发展研究［D］. 北京：中央民族大学，2020.

[13] 栗兴. 基于能值理论的永和县农业生态系统可持续发展研究［D］. 太原：山西农业大学，2018.

[14] 李梦皓. 山地平原交错带循环农业能值分析［D］. 成都：四川师范大学，2018.

[15] 李燕. 基于农户的农田生态系统能量流分析与发展对策研究［D］. 成都：四川农业大学，2016.

[16] 李玥. 黄土丘陵区退耕与农业生态经济社会系统协同发展研究［D］. 杨凌：西北农林科技大学，2019.

[17] 李梦桃. 农业生态系统复合服务的权衡关系及管理对策研究［D］. 西安：陕西师范大学，2017.

[18] 陆诗苇. 农业生态系统能值投入产出模型构建及应用研究［D］. 长沙：中南林业科技大学，2019.

[19] 任钇蒙. 河南省种植业生态系统能值分析［D］. 长沙：中南林业科技大学，2015.

[20] 宋欣. 基于生态系统服务价值的郑州市城郊农业生态补偿体系研究［D］. 郑州：河南农业大学，2016.

[21] 孙路. 临潼区两种循环农业生产模式能流、能值及经济效益分析［D］. 杨凌：西北农林科技大学，2015.

[22] 唐笛. 基于能值分析法的三台县循环农业发展模式评价研究［D］. 绵阳：西南科技大学，2021.

[23] 唐州圆. 基于能值分析的梯田复合生态系统可持续发展评价研究［D］. 桂林：桂林理工大学，2020.

[24] 唐萌. 陕西农业经济—生态—社会复合系统耦合协调发展研究［D］. 西安：陕西科技大学，2019.

[25] 田榆寒. 耕地生态系统服务协同与权衡关系及管理策略［D］. 杭州：浙江大学，2018.

[26] 王云. 西安都市农业景观演变对生态系统服务的影响研究［D］. 西安：陕西师范大学，2015.

[27] 王敬婼. 中原经济区不同农业循环模式下农田系统的能值和生命周期评价［D］. 新乡：河南师范大学，2017.

[28] 项亚楠. 肇州县农业景观生态系统服务评价研究［D］. 哈尔滨：东北农业大学，2018.

[29] 杨文艳. 西安市都市农业生态系统服务价值动态变化及预测研究［D］. 西安：陕西师范大学，2015.

[30] 易婷. 湖南水稻生态系统的能值分析［D］. 长沙：湖南农业大

学，2016.
[31] 曾韬. 基于能值理论的江西省2011—2015年农业生态经济系统投入结构分析 [D]. 长沙：中南林业科技大学，2017.
[32] 张苗. 基于能值的黄土丘陵区农业－环境系统可持续性分析 [D]. 西安：西安科技大学，2020.
[33] 张英云. 寿光市农业生态系统能值投入结构的研究 [D]. 沈阳：沈阳农业大学，2020.
[34] 张艳红. 基于能值的大湘西农业生态效率研究 [D]. 长沙：中南林业科技大学，2017.
[35] 张永杰. 基于能值分析的定西市农田生态系统可持续发展评价 [D]. 兰州：甘肃农业大学，2016.
[36] 张聪聪. 柴达木地区农业生态补偿绩效评价研究 [D]. 西宁：青海大学，2018.
[37] 张彬. 吉林省松辽平原玉米带生态补偿问题研究 [D]. 长春：吉林农业大学，2016.
[38] 郑悦. 北京市典型休闲农业园生态系统服务评估及供需分析 [D]. 北京：中国地质大学（北京），2017.
[39] 朱君. 基于能值分析的广河县农田生态系统可持续发展评价 [D]. 兰州：甘肃农业大学，2018.